电力建设工程工程量清单计算规范使用指南

火力发电工程

电力工程造价与定额管理总站　编

中国电力出版社

CHINA ELECTRIC POWER PRESS

图书在版编目（CIP）数据

电力建设工程工程量清单计算规范使用指南. 火力发电工程/电力工程造价与定额管理总站编. —北京：中国电力出版社，2023.11
　ISBN 978-7-5198-7866-5

　Ⅰ. ①电…　Ⅱ. ①电…　Ⅲ. ①火力发电－电力工程－工程造价－规范－中国－指南　Ⅳ. ①TM6-62

中国国家版本馆 CIP 数据核字（2023）第 089581 号

出版发行：中国电力出版社
地　　　址：北京市东城区北京站西街 19 号（邮政编码 100005）
网　　　址：http://www.cepp.sgcc.com.cn
责任编辑：高　芬（010-63412717）
责任校对：黄　蓓　郝军燕
装帧设计：张俊霞
责任印制：石　雷

印　　　刷：三河市百盛印装有限公司
版　　　次：2023 年 11 月第一版
印　　　次：2023 年 11 月北京第一次印刷
开　　　本：880 毫米×1230 毫米　16 开本
印　　　张：14.25
字　　　数：466 千字
印　　　数：0001—1500 册
定　　　价：145.00 元

编 写 组

顾　爽　田进步　张致海　郑东伟　周　慧　董云川
张　宇　胡金峰　郑世伟　李伟亮　高福东　刘永峰
陈文敏　徐慧超　黄晓莉　方　岗　罗　婷　戎元元
顾国珍　朱天春

前言

　　2021 年 4 月，国家能源局以 2021 年第 3 号公告批准发布《电力建设工程工程量清单计价规范》（DL/T 5745—2021）、《电力建设工程工程量清单计算规范　火力发电工程》（DL/T 5369—2021）、《电力建设工程工程量清单计算规范　变电工程》（DL/T 5341—2021）、《电力建设工程工程量清单计算规范　输电线路工程》（DL/T 5205—2021）（统称《电力建设工程工程量清单计价与计算规范》），自 2021 年 10 月 26 日起实施。为使广大电力工程造价管理和专业人员准确把握、熟练运用《电力建设工程工程量清单计价与计算规范》，电力工程造价与定额管理总站组织编制了配套使用指南。

　　《电力建设工程工程量清单计价与计算规范》配套使用指南（简称本套使用指南）共四册，分别为《电力建设工程工程量清单计价规范使用指南》《电力建设工程工程量清单计算规范使用指南　火力发电工程》《电力建设工程工程量清单计算规范使用指南　变电工程》《电力建设工程工程量清单计算规范使用指南　输电线路工程》。本套使用指南较为详细、系统地介绍了招标工程量清单、最高投标限价、竣工结算的编制方法，从理论方法和工程案例两个维度进行通俗易懂的阐述和具体说明。

　　本套使用指南在编写过程中，先后以多种形式进行了广泛的意见征求，认真听取和采纳了多方意见和建议。在此，谨对为本书编写工作付出辛勤努力和给予无私帮助的单位及个人表示由衷的谢意。同时，由于时间和水平所限，本套使用指南难免有疏漏和不足之处，敬请读者批评指正。

　　本套使用指南由电力工程造价与定额管理总站负责管理和解释。

第一章

概　　述

工程量清单计价模式是国际上较为通行的工程造价管理方式，通过全面推广和实施工程量清单计价，不但可以逐步建立以市场形成价格为主的竞争机制，还可以充分发挥市场在工程定价中的重要作用，实现采用竞争的方式，来提高工程质量和降低工程造价的目标。编制清单计价与计算规范，是为了实现清单计价与定额计价更好、更有效地衔接，发挥工程量清单计价的整体效用，根据《国家能源局综合司关于下达 2020 年能源领域行业标准制修订计划及外文版翻译计划的通知》（国能综通科技（2020）106 号）的要求，结合 2018 年版电力建设工程定额和费用计算规定，电力工程造价与定额管理总站在深入分析、总结历年各版次行业和企业工程量清单计价与计算规范的基础上，在全行业的支持下，组织有关单位开展了电力建设工程工程量清单计价与计算规范编制工作。按照《住房城乡建设部关于进一步推进工程造价管理改革的指导意见》（建标（2014）142 号）关于"建立满足不同设计深度、不同复杂程度、不同承包方式及不同管理需求的多层级工程量清单体系"的总体要求，清单计算规范制定了初步设计深度、施工图设计深度的工程量清单，内容更加全面、细致，能够满足电力工程建设造价管理领域的实际需求，为规范电力行业工程计价行为提供了有效依据。本章介绍了 2021 年版电力建设工程工程量清单计算规范的编制原则、编制依据、主要内容及主要变化。

一、编制原则

（1）贯彻《电力建设工程工程量清单计价规范》（DL/T 5745—2021）的各项规定，并将其贯穿于清单计算规范编制的全过程。

（2）总结《电力建设工程工程量清单计算规范　火力发电工程》（DL/T 5369—2021）编制经验和存在的问题，同时结合新设备、新材料、新技术、新工艺、新规范等发展要求，补充完善工程量清单计算规范，同时建立满足不同设计深度、不同复杂程度、不同承包方式及不同管理需求的多层级工程量清单计价与计算规则体系，满足发、承包及其实施阶段的计价活动的需求。

（3）根据清单项目、项目特征、计量单位、工程量计算规则等，建立与 2018 年版电力建设工程概预算定额的对应关系，从而使清单计价与定额计价更好、更有效地衔接，方便造价从业人员进行清单编制与清单计价，提高工程量清单计价的整体适用性。

（4）保证工程量清单项目名称和项目特征完整性，满足工程计价的要求，做到招标人提供的工程量清单能够真实完整地反映设计内容和意图，投标人能根据招标人提供的工程量清单，结合工程特征、市场价格信息和企业实际，进行合理报价。

二、编制依据

清单计算规范编制应符合国家、电力行业等部门发布的有关法律、规范、标准、规定，主要文件有：

（1）《房屋与装饰工程工程量计算规范》（GB 50854—2013）

（2）《通用安装工程工程量计算规范》（GB 50856—2013）

（3）《电力建设工程工程量清单计价规范》（DL/T 5745—2021）

（4）《电力建设工程工程量清单计算规范　火力发电工程》（DL/T 5369—2016）

（5）《火力发电工程建设预算编制与计算规定（2018 年版）》
（6）电力建设工程概算定额（2018 年版）
（7）电力建设工程预算定额（2018 年版）
（8）电力建设工程概预定额使用指南（2018 年版）

三、主要内容

《电力建设工程工程量清单计算规范　火力发电工程》（DL/T 5369—2021）由正文和附录组成。正文包括总则、术语、工程量计算和工程量清单编制，共 4 章内容。附录包括附录 A 火力发电建筑工程初步设计阶段工程量清单项目及计算规则、附录 B 火力发电安装工程初步设计阶段工程量清单项目及计算规则、附录 C 火力发电建筑工程施工图设计阶段工程量清单项目及计算规则、附录 D 火力发电安装工程施工图设计阶段工程量清单项目及计算规则和附录 E 火力发电工程项目划分及编码，涉及建筑、机务、电气、通信和调试等专业的内容。

清单附录共 95 节 2206 个清单项目，其节、清单项目数量如表 1-1 所示。

表 1-1　　　　　　　　　　　　清单附录节、清单项目数量表

序号	附录名	节数量	清单项目数量
1	附录 A　火力发电建筑工程初步设计阶段工程量清单项目及计算规则	13	292
2	附录 B　火力发电安装工程初步设计阶段工程量清单项目及计算规则	28	522
3	附录 C　火力发电建筑工程施工图设计阶段工程量清单项目及计算规则	22	621
4	附录 D　火力发电安装工程施工图设计阶段工程量清单项目及计算规则	32	771

四、主要变化

（一）清单项目设置变化

1. 初步设计阶段工程量清单项目设置变化

A.1　土石方工程：增加耕植土过筛和挑拣、障碍物清除、外购土方、余方弃置清单项目；拆分土石方工程为土方工程和石方工程清单项目。

A.2　基础与地基处理工程：增加灌注桩、旋挖钻孔桩、填料灌注桩、水泥粉煤灰碎石桩-钻孔成孔、声测管清单项目。

A.4　楼面与屋面工程：增加种植屋面、采光屋面、复杂楼面整体面层、复杂楼面块料面层、玻璃钢格栅、玻璃钢栏杆清单项目。

A.5　墙体工程：增加贴砌聚乙烯苯板外墙、彩钢夹心板外墙、隔断、干挂用钢骨架清单项目。

A.6　门窗工程：增加电子感应门、卷帘门、窗护栏清单项目。

A.7　钢筋混凝土结构工程：增加底板上填混凝土、措施钢筋、预埋地脚螺栓清单项目。

A.8　钢结构工程：增加空冷平台钢桁架、不锈钢结构、沉降观测装置清单项目。

A.9　构筑物工程：增加高位冷却塔集水槽、高位冷却塔中央竖井、高位冷却塔预制构架梁、高位冷却塔压力进水沟、高位冷却塔阻水槽清单项目。

A.10　厂区性建筑工程：增加装配式建筑构件安装清单项目。

B.1.1　锅炉机组：增加锅炉本体清洗废液处理、煤斗疏松机清单项目。

B.1.2　汽轮发电机组：增加给水泵组、辅助蒸汽联箱清单项目。

B.1.3　热力系统汽水管道：增加汽轮机本体定型管道清单项目。

B.1.6　燃料供应系统：增加曲线落煤管清单项目；拆分碎煤机为碎煤机、清筛破碎机和细碎煤机清单项目；修改循环链码模拟实物检测装置为动态链码校验装置清单项目。

B.1.7 除灰系统：增加负压气力除灰系统设备清单项目。

B.1.8 水处理系统：合并加强生物滤池系统设备，澄清系统设备，排泥系统设备，石灰乳储存、配置、计量系统设备，药品储存及计量系统设备，弱酸氢离子交换系统设备，泥渣脱水系统设备清单项目为中水处理系统设备清单项目。

B.1.9 供水系统：增加牺牲阳极防腐清单项目。

B.1.10 脱硫系统：删除脱硫烟道清单项目。

B.1.11 脱硝系统：增加热解炉清单项目。

B.1.13 燃气-蒸汽联合循环机组：增加余热锅炉本体清洗、余热锅炉本体清洗废液处理清单项目。

B.2.1 发电机电气：将除尘器电气清单项目移入厂（站）用电章节。

B.2.2 变压器：增加接地变压器及消弧线圈成套装置清单项目；将箱式变电站清单项目移入厂（站）用电章节。

B.2.3 配电装置：增加小电阻接地成套装置、过电压保护器、一次组合设备预制舱清单项目；将GIS母线及GIS进出线套管清单项目从配电装置章节移入母线、绝缘子章节。

B.2.5 控制、继电保护屏：增加区域安全稳定控制柜清单项目；拆分铁构件为铁构件制作和铁构件安装清单项目；删除数字化煤场管理系统清单项目；将高压成套配电柜、低压成套配电柜（PC）、车间配电盘（MCC）清单项目移入厂（站）用电章节，名称修改为高压配电柜、低压成套配电柜、车间配电盘。

B.2.7 电缆：增加电缆竖井清单项目。

B.2.8 接地：增加热熔焊接、接地深井成井、架空避雷线清单项目；将设备本体照明、构筑物及道路照明、小型电源箱清单项目移入厂（站）用电章节。

B.2.9 通信设备：增加OTN设备、无线专网设备、IMS设备、蓄电池在线监测设备、网络管理系统等清单项目；删除电力载波设备、微波设备、软交换设备等清单项目。

B.2.10 通信辅助设备及设施：增加布放线缆、同轴电缆头、配线架布放跳线、放绑软光纤、固定线缆、通信业务调试等清单项目。

B.2.11 通信线路工程：增加立杆、架空ADSS光缆、音频电缆接续、电缆全程调测、光缆单盘调测、光缆接续、厂（站）内光缆熔接、厂（站）内光缆测试、光缆全程测量、光缆跨越清单项目。

B.3.2 整套启动调试：删除燃机控制系统整套启动调试清单项目。

B.3.3 特殊调试：删除化学特殊调试清单项目。

2. 施工图阶段工程量清单项目设置变化

C.1 土石方工程：增加耕植土过筛和挑拣、障碍物清除、余方弃置、外购土方清单项目；拆分土石方工程为土方工程和石方工程清单项目。

C.2 地基处理与基坑支护工程：增加水泥粉煤灰碎石桩、三轴水泥搅拌桩、压密注浆桩、孔内深层强夯灰土挤密桩、围檩、锚头、护坡清单项目。

C.3 桩基工程：增加打圆木桩、旋挖钻孔、声测管埋设清单项目。

C.4 砌筑工程：增加砖砌体散水与地坪、大砌块实体围墙、清水砖砌体围墙、大砌块防火墙清单项目。

C.5 混凝土及钢筋、铁件工程：增加措施钢筋、钢筋绝缘套、装配式建筑构件安装、加固工程清单项目。

C.6 金属结构工程：增加沉降观测装置、钢警卫室清单项目。

C.7 隔墙、天棚吊顶工程：增加采光天棚安装、送风口与回风口安装清单项目。

C.8 门窗与木作工程：增加固定百叶窗、卷帘门、电子感应门、窗护栏、护角线条、门窗套清单项目。

C.9 地面与楼地面工程：增加铺地毯清单项目。

C.10 屋面与防水工程：增加种植屋面排水清单项目。

C.11 保温、隔热、防腐、耐磨、屏蔽、隔声、抑尘工程：增加网格布清单项目。

C.12 装饰工程：增加贴挂防开裂网、批腻子、开槽和开孔清单项目。

C.13 构筑物工程：增加水泥稳定层、土工格栅清单项目。

C.15　措施项目：调整章节顺序。

C.16　给水与排水工程：增加承插球墨管、刚性穿墙套管安装、柔性穿墙套管安装清单项目；将 UPVC 塑料管清单项目修改为塑料管。

C.17　照明与防雷接地工程：增加塑料线槽敷设、接地极钻孔施工清单项目。

C.19　通风与空调、除尘工程：将原除尘工程合并到通风与空调工程章节。

D.1.2　锅炉附属设备：增加煤斗疏松机清单项目。

D.1.3　烟风煤管道及锅炉辅助设备：增加汽水分离器、玻璃钢平台扶梯清单项目。

D.1.5　输煤、除灰、点火燃油设备：增加清篦破碎机、细粒碎煤机、曲线落煤管、动态链码校验装置、圆管带式输送机、圆管带式输送机中间构架、循环流化床石灰石输送系统清单项目。

D.1.6　汽轮发电机设备：增加 SSS 离合器清单项目。

D.1.10　油漆、防腐：增加聚氨酯防腐、牺牲阳极防腐清单项目。

D.1.11　化学专用设备：增加前置过滤器、曝气生物滤池、凝汽器检漏装置、多效蒸发器、涡轮式能量回收装置、压力交换式能量回收装置、闪蒸器、喷淋塔、板框式压滤机、浓缩池刮泥机清单项目；删除海水淡化超滤前置过滤器设备、海水淡化反渗透系统设备、海水淡化系统（低温多效）设备清单项目。

D.1.13　脱硝设备：修改尿素裂解装置清单项目为热解炉清单项目。

D.1.14　燃气-蒸汽联合循环发电设备：修改天然气调压站装置清单项目为变频离心式压缩机清单项目。

D.1.15　空冷系统设备：增加管道支撑座清单项目。

D.2.2　变压器：取消干式电抗器清单项目，并入新增的低压电抗器清单项目。

D.2.3　配电装置：增加罐式断路器、隔离式断路器、出口断路器、静止无功补偿装置、串联补偿装置、小电阻接地成套装置、过电压保护器、一次组合设备预制舱清单项目；删除 GIS 母线、GIS 进出线套管清单项目，列入母线、绝缘子章节；删除接地变压器/消弧线圈柜清单项目，列入变压器章节。

D.2.5　控制、继电保护屏及低压电器：增加特高压在线检测装置、预制舱式一二次组合设备、预制舱式二次组合设备、预制式二次组合设备、预制式智能控制柜、小母线、小电流接地选线装置、智能组件、数字同步设备、智能变电站调试、二次系统安全防护清单项目；拆分端子箱/屏边为端子箱和屏边清单项目；拆分铁构件为铁构件制作和铁构件安装清单项目。

D.2.6　交直流电源：增加蓄电池巡检仪清单项目。

D.2.8　电缆：增加电缆竖井清单项目。

D.2.9　照明及接地：增加热熔焊接、架空避雷线、接地深井成井清单项目；单独设置降阻接地清单项目。

D.2.10　通信设备：增加 OTN 设备、无线专网设备、IMS 设备、蓄电池在线监测设备、网络管理系统、网络安全设备等清单项目；删除电力载波设备、微波设备、软交换设备等清单项目。

D.2.11　通信辅助设备及设施：增加布放线缆、同轴电缆头、配线架布放跳线、放绑软光纤、固定线缆、通信业务调试等清单项目。

D.2.12　通信线路工程：增加立杆、架空 ADSS 光缆、音频电缆接续、电缆全程调测、光缆单盘调测、光缆接续、厂（站）内光缆熔接、厂（站）内光缆测试、光缆全程测量、光缆跨越清单项目。

D.3.1　分系统调试：删除升压站中央信号系统调试、机组自启停顺序控制系统调试清单项目；增加升压站"五防"系统调试、升压站远动分系统调试、电网调度自动化系统调试、二次系统安全防护分系统调试、信息安全测评分系统调试、安全稳定分系统调试、再生水处理系统调试、反渗透超滤系统调试、燃机电气变频启动分系统调试清单项目。

D.3.2　整套启动调试：删除升压站输电线路试运、燃机控制系统整套启动调试清单项目；增加脱硫整套启动调试、脱硝整套启动调试清单项目。

D.3.3　特殊调试：删除化学特殊调试清单项目。

（二）项目特征、计量单位变化

1．建筑工程

（1）在土方施工清单项目特征描述中，普通岩石、坚硬石等不再体现，由招标工程量编制人员自行描述。

（2）在挖冻土清单项目中，增加项目特征"开挖方式"。

（3）灌注桩与填料灌注桩均有材质这一项目特征，但灌注桩的材质为钢筋混凝土，填料灌注桩的材质为砂石或碎石，此外，灌注桩还根据钻孔类型分为机械钻孔和人工钻孔。

（4）在门窗清单项目中，修改项目特征"五金有无特殊要求"为"五金要求"，招标工程量清单根据实际进行描述。

（5）在现场金属结构清单项目中，删除项目特征"油漆品种、刷漆遍数"，金属结构油漆按照金属面油漆清单项目单独立项。

（6）在成品金属结构安装清单项目中，删除项目特征"油漆品种、刷漆遍数"重复计列的项目。

2. 安装工程

（1）在锅炉本体试验清单项目中，修改项目特征"温度/压力/范围/流量/机组容量"为"锅炉出力"。

（2）在冷风道、热风道、烟道、高温排气烟道等清单项目中，修改项目特征"型号、材质"为"锅炉出力"。

（3）热网站管道、厂区热网管道清单项目，删除项目特征"蒸汽参数"。

（4）锅炉炉墙砌筑清单项目，增加项目特征"锅炉出力"。

（5）在电气工程清单项目中，修改项目特征"安装地点"为"户内安装/户外安装"。

（6）初步设计阶段，接地清单项目删除项目特征"土质"。

（7）施工图设计阶段，接地清单项目修改项目特征"土质"为"土壤类别"。

（8）初步设计阶段，控制盘台柜、保护盘台柜清单项目修改计量单位"块"为"面"。

（9）滑触线清单项目修改计量单位"m"为"单相米"和"三相米"。

（10）在通信工程清单项目中，删除项目特征"主材型号规格"。

（11）在光传输设备清单项目中，增加项目特征"传输速率"。

（12）在管（沟）道光缆清单项目中，删除项目特征"配盘数量、接头数量、光缆类别"，增加项目特征"名称、敷设方式"。

（13）PCM清单项目修改计量单位"套"为"台""块"，电话交换设备清单项目修改计量单位"套"为"架"，会议电话汇接机及扩音装置清单项目修改计量单位"套"为"架""部"，视频监控管理设备清单项目修改计量单位"套"为"台"等。

（三）工程量计算规则变化

1. 建筑工程

A.2 基础与地基处理工程：钢筋混凝土预制桩清单项目将"桩长包括桩尖长度"修改为"桩长为预制桩的设计有效长度，计算桩长长度"，灌注桩清单项目将"桩体积二灌注桩设计截面面积×桩长（包括桩尖长度）"修改为"桩体积=灌注桩设计截面面积×设计有效桩长，计算桩尖长度"。

C.8 门窗与木作工程：将卷帘门"按照门洞口面积计算"修改为"卷帘门宽度按照设计图示宽度、高度按照洞口高度增加600mm，以面积计算工程量"。

2. 安装工程

（1）在锅炉钢架、油漆、本体的工程量计算规则中，将"按锅炉厂提供的锅炉钢架的质量计算"修改为"按设计质量计算"。

（2）在以"t"为单位的管道工程量计算规则中，将"按设计数量计算"修改为"按设计质量计算"。

（3）GIS母线的工程量计算规则修改为"GIS母线清单适用于GIS主母线和间隔外的分支母线"，增加"间隔外的分支母线"计量内容。

（4）在电力电缆和控制电缆工程量计算规则中，增加"包括波形系数及预留长度"的描述。

（5）SDH传输设备按基本配置计量，基本配置以外的光板另外计量。

（四）工作内容变化

1. 建筑工程

（1）在初步设计阶段，与填料灌注桩相比，灌注桩清单项目的工作内容增加桩尖制作、安装和人工挖孔桩扩孔与入岩、桩孔内照明两部分。

（2）在初步设计阶段，金属墙板清单项目工作内容中，删除骨架制作安装。

（3）在初步设计阶段，土方运输、预制构件、金属构件清单项目工作内容中，将"运距1km"修改为

"运输 1km"，具体运输距离在项目特征中详细描述。

（4）在初步设计阶段，打桩工程清单项目的工作内容不包括凿桩头，而相应参考概算定额中包括凿桩头工作内容，因此在编制打桩工程标段最高投标限价时，将凿桩头的费用扣除，在基础施工标段增加凿桩头清单项目。

（5）在施工图阶段，现场金属结构清单项目工作内容中，将"油漆、补漆"修改为"补漆"。

2. 安装工程

（1）在锅炉钢架工作内容中，增加锅炉露天防护措施安装。

（2）在锅炉本体工作内容中，删除外装板及罩壳框架的安装，增加二次再热锅炉的高压再热系统安装。

（3）在送风机、一次风机、引风机和其他风机工作内容中，增加轴流式风机的润滑油系统（含润滑油管路内部处理）及空气冷却器、联轴器外套、罩壳的安装以及冷油器和空气冷却器的水压检漏。

（4）在磨煤机工作内容中，增加煤粉分离器及附件安装（双进双出钢球磨煤机、中速磨煤机及风扇磨煤机）和石子煤排放装置和密封风机安装（中速磨煤机）。

（5）在原煤管道工作内容中，增加管道上的空气炮安装。

（6）在蒸汽管道吹洗临时管道工作内容中，增加消音器安装与拆除。

（7）在蒸汽分配管工作内容中，增加严密性试验。

（8）在电力变压器工作内容中，增加设备本体电缆安装。

（9）在初步设计阶段的电力变压器工作内容中，将"设备支架制作安装"修改为"铁构件制作安装"。

（10）在施工图设计阶段的真空断路器工作内容中，增加本体就位、补漆等内容。

（11）在光纤通信设备工作内容中，删除连接线缆布放、业务接入等内容。

（12）在初步设计阶段汽轮机分系统调试工作内容中，将给水泵汽轮机调试修改为驱动用汽轮机调试。

（13）在初步设计阶段升压站分系统调试工作内容中，增加"五防"系统调试、远动系统调试、同期系统调试等6项内容。

（14）在初步设计阶段化学分系统调试工作内容中，增加反渗透、超滤系统分系统调试工作内容。

（15）在初步设计阶段燃机分系统调试工作内容中，增加压气机防喘放气系统调试、压气机水洗系统调试、燃机气体消防系统调试等6项内容。

（16）在初步设计阶段余热锅炉分系统调试工作内容中，增加汽水系统调试、给水系统调试、炉水再循环系统调试等6项内容。

（17）在初步设计阶段升压站整套启动调试工作内容中，删除输电线路试运，该内容执行输电线路相应清单项目。

（18）调整燃机整套启动调试和余热锅炉整套启动调试部分工作内容。

（19）在施工图阶段升压站送配电设备系统调试工作内容中，增加接口的功能试验及线路自动重合闸模拟试验等内容。

（20）在施工图阶段，细化燃机分系统调试和余热锅炉清单项目工作内容。

（21）在施工图阶段整套启动调试低负荷调试工作内容中，增加配合热工电动门、调节门等检测、流量测定、流量特性试验等内容。

（五）项目划分变化

1. 附录 E.1 燃煤建筑工程项目划分及编码

（1）将"3 热网系统建筑"修改为"3 热（冷）网系统建筑"。

（2）将"3.1 热网首站"修改为"3.1 热（冷）网首站"。

（3）将"3.2 厂区热网支架"修改为"3.2 厂区热（冷）网支架"。

（4）将"1.24 输煤综合楼及输煤冲洗水泵房"拆分为"1.24 输煤综合楼"和"1.25 输煤冲洗水泵房"。

（5）删除"1.26 输煤冲洗水沉淀池"，将"输煤冲洗水沉淀池"合并在"1.26 输煤系统水冲洗构筑物"中。

（6）在"（十）附属生产工程"的"3 环境保护设施"中增加"3.4 废水零排放""3.10 噪声治理设施"。

2. 附录 E.2 燃煤机务工程项目划分及编码

（1）燃料供应输煤系统，删除"1.1 运煤设备"。

（2）附属生产安装工程，删除"2.1 实验室设备"及子级全部内容。

3．附录 E.3 燃煤电气工程项目划分及编码

（1）取消电气系统中"7.2 电厂区域通信线路"，其内容包含在"7.1 行政与调度通信系统"中。

（2）将热工控制系统中"1.4 优化控制管理软件"修改为"1.4 电厂智能化"。

（3）将热工控制系统中"1.6 全厂门禁系统"修改为"1.6 全厂安防系统"。

（4）取消脱硫热工控制系统中"3.2 FGD 火灾报警监测控制"，其内容包含在"3.1 FGD 热工控制"中。

4．附录 E.5 燃气机务工程项目划分及编码

附属生产安装工程，删除"2.1 实验室设备"及子级全部内容。

5．附录 E.6 燃气电气工程项目划分及编码

（1）取消电气系统中"7.2 电厂区域通信线路"，其内容包含在"7.1 行政与调度通信系统"中。

（2）将热工控制系统中"2.4 优化控制管理软件"修改为"2.4 电厂智能化"。

（3）将热工控制系统中"2.5 全厂闭路电视及门禁系统"修改为"2.5 全厂闭路电视及安防系统"。

第二章

正文部分内容详解

一、总则

【条文】1.0.1 为规范火力发电工程造价计量行为，统一火力发电工程工程量清单的编制方法，制定本规范标准。

【要点说明】本条阐述了制定清单计算规范的目的和意义。

【条文】1.0.2 本规范适用于新建、扩建的单价容量50MW~1000MW级机组燃煤发电工程及燃气-蒸汽联合循环发电工程初步设计、施工图设计两个阶段的发、承包及其实施阶段的计价活动。

【要点说明】本条阐述了清单计算规范的适用范围。

【条文】1.0.3 火力发电工程工程量清单计价，必须按本规范规定的工程量清单计算规则进行工程计量。

【要点说明】本条规定了执行清单计算规范的范围，明确了无论是国有资金投资和非国有资金投资的电力工程建设项目，凡采用工程量清单计价的，其工程计量应执行本清单计算规范。

【条文】1.0.4 火力发电工程计量活动，除应遵守本规范外，应符合国家、行业现行有关标准的规定。

【要点说明】本条规定了清单计算规范与其他标准的关系，清单计算规范的条款是电力建设工程计价与计量活动中应遵守的专业性条款，工程计量活动除应遵守清单计算规范外，还应遵守国家、行业现行有关标准的规定。

二、术语

【条文】2.0.1 工程量计算 measurement of quantities

工程量计算指建设工程项目以工程设计图纸、施工组织设计或施工方案及有关技术经济文件为依据，按照相关工程国家标准及本规范计算规则、计量单位等规定，进行工程数量的计算活动，在工程建设中简称"工程计量"。

【要点说明】本条阐述了工程量计算的依据、实施过程的计量办法。

【条文】2.0.2 建筑工程 construction project

建筑工程是指构成建设项目的各类建筑物、构筑物等设施工程。

【要点说明】建筑工程除包括建筑工程的本体之外，以下项目也列入建筑工程中：

（1）建筑物的给排水、采暖、通风、空调、照明设施。

（2）建（构）筑物的平台扶梯。

（3）建筑物照明配电箱，建筑物的避雷接地装置。

（4）消防设施，包括气体消防、水喷雾系统设备、喷头及其探测报警装置。

（5）采暖加热站（制冷站）设备及管道，采暖锅炉房设备及管道，厂区采暖管道。

（6）混凝土或石材砌筑的文丘里除尘器、箱、罐、池等。

（7）建筑物用电梯的设备及其安装，工业用电梯井的建筑结构部分。

（8）各种直埋设施的土方、垫层、支墩，各种沟道的土方、垫层、支墩、结构、盖板，各种涵洞，各种顶管措施。

（9）建筑物的金属网门、栏栅，独立的避雷针、塔。

（10）屋外配电装置的金属构架、支架、避雷针塔、栏栅。

（11）建（构）筑物的防腐设施，混凝土沟、槽、池、箱、罐等的防腐设施。

（12）冷却塔内部的配水管、托架、淋水装置、除水装置及其结构等。

（13）水工结构、水工建筑、预应力钢筋混凝土管、顶管措施、岸边水泵房引水管道。

（14）燃气-蒸汽联合循环电站独立布置的余热锅炉烟囱。

（15）建筑专业出图的厂区工业管道。

（16）建筑专业出图的设备基础框架、地脚螺栓。

（17）凡建筑工程建设预算定额中已明确规定列入建筑工程的项目，按定额的规定执行，如二次灌浆均列入建筑工程等。

【条文】2.0.3　安装工程　installation project

安装工程是指构成建设项目生产工艺系统的各类设备、管道、线缆及其辅助装置的组合、装配和调试工程。

【要点说明】安装工程除包括工艺系统的各类设备、管道、线缆及其辅助装置的组合、装配，以及其材料之外，以下项目也列入安装工程中：

（1）各种设备、管道的保温油漆。

（2）设备的维护平台及扶梯。

（3）电缆、电缆桥（支）架及其安装，电缆防火。

（4）发电机出线间的金属构架、支架、金属网门。

（5）厂用屋内配电装置及发电机出线小间的金属结构、金属支架、金属网门。

（6）锅炉砌筑工程，灰沟镶板砌筑。

（7）施工现场加工配制组装的金属外壳文丘里除尘器、水膜式除尘器、金属箱罐。

（8）混凝土水膜式除尘器、箱、罐的内部加热装置、搅拌装置。

（9）化学水处理系统金属管道的内外防腐。

（10）冷却塔内的钢制循环水管道。

（11）循环水系统、补给水系统、厂区及厂外除灰系统（包括灰水回收系统）的工艺设备、管道及其内衬，包括各种钢管、铸石管、铸铁管、钢闸板门、闸槽及启闭机。

（12）设备本体照明、道路、屋外区域（如变压器区、配电装置区、管道区、储煤场、油罐区等）的照明。

（13）厂区接地工程的接地极、降阻剂、焦炭等。

（14）消防水泵房设备、管道，消防车辆。

（15）集中控制系统中的消防控制装置，空调系统的自动控制装置安装。

（16）工业用电梯及其设备安装。

（17）生活污水处理系统的设备、管道及其安装。

（18）燃气-蒸汽联合循环电厂余热锅炉炉顶布置的余热锅炉烟囱及旁路烟道。

（19）工艺专业出图的厂区工业管道。

（20）工艺专业出图的设备基础框架、地脚螺栓，工字钢轨道。

（21）凡设备安装工程建设预算定额中已明确规定列入安装工程的项目，按定额的规定执行。

【条文】2.0.4　火力发电厂　thermal power plant

火力发电厂是指通过火力发电设备将煤、石油、天然气等燃料的化学能转变为电能的工厂。

【要点说明】现在世界上存在多种发电方式的发电厂，火力发电厂一般包括使用化石燃料、生物质燃料和垃圾燃料的蒸汽轮机发电厂、燃气-蒸汽联合循环发电厂等。

【条文】2.0.5　燃煤发电厂　coal-fired power plant

燃煤发电厂是指以煤炭为燃料，在锅炉中燃烧产生的热量将工质水加热产生蒸汽，推动蒸汽轮机旋转，带动发电机发电的工厂。

【要点说明】燃煤发电厂主要由锅炉及其辅助设备、汽轮机及其辅助设备、汽轮发电机及配电设备、化学水处理设备、燃煤输送及制粉设备、除灰除尘设备、脱硫及脱硝设备等构成。

【条文】2.0.6　燃气-蒸汽联合循环电厂　gas-fired power plant

燃气-蒸汽联合循环电厂是指以可燃气体为燃料，在燃机中燃烧产生高温烟气，推动燃气轮机旋转，带动发电机发电，同时燃气轮机排出的高温烟气加热余热锅炉中的工质水产生蒸汽，再推动蒸汽轮机旋转，带动发电机发电的联合发电工厂。

【要点说明】燃气-蒸汽联合循环发电是由燃气轮机发电和蒸汽轮机发电叠加组合起来的联合循环发电装置。

三、工程量计算

【条文】3.0.1　工程实施过程中的工程量计算应按照本规范的相关规定执行。

【要点说明】本条进一步规定了电力建设工程实施过程中的工程量计算应按《电力建设工程工程量清单计算规范　火力发电工程》（DL/T 5369—2021）的相关规定执行。

【条文】3.0.2　初步设计阶段工程量计算除依据本规范各项规定外，尚应依据以下文件：

　　1　经审定通过的初步设计图纸及其说明。

　　2　经审定通过的其他有关技术经济文件。

【要点说明】本条规定了工程量计算的依据。明确工程量计算，一是应遵守《电力建设工程工程量清单计算规范　火力发电工程》（DL/T 5369—2021）的各项规定；二是应依据初步设计图纸和其他有关技术经济文件进行计算；三是计算依据必须经审定通过。

【条文】3.0.3　施工图阶段工程量计算除依据本规范各项规定外，尚应依据以下文件：

　　1　经审定通过的施工图设计图纸及其说明。

　　2　经审定通过的施工组织设计或施工方案。

　　3　经审定通过的其他有关技术经济文件。

【要点说明】本条规定了工程量计算的依据。明确工程量计算，一是应遵守《电力建设工程工程量清单计算规范　火力发电工程》（DL/T 5369—2021）的各项规定；二是应依据施工图设计图纸、施工组织设计或施工方案和其他有关技术经济文件进行计算；三是计算依据必须经审定通过。

【条文】3.0.4　本规范附录中有两个或两个以上计量单位的，应结合拟建工程项目的实际情况，确定其中一个为计量单位。

【要点说明】本条规定了清单计算规范附录中有两个或两个以上计量单位的项目，在工程计量时，应结合拟建工程项目的实际情况，选择其中一个作为计量单位，在同一个建设项目（或标段、合同段）中，多个单位工程可以选择不同的计量单位，但每个清单项的计量单位有且只有一个。

【条文】3.0.5　工程量计算时每一项目汇总的有效位数应遵守下列规定：

　　1　以"t"为单位，应保留小数点后三位数字，第四位小数四舍五入。

　　2　以"m""m²""m³""kg"为单位，应保留小数点后两位数字，第三位小数四舍五入。

　　3　以"台""台/单相""串""套""座""面""组""只""副""处""口""块""站""基""条""段""回""架""部""端""点""头""盘""个""件""根""系统"为单位，应取整数。

【要点说明】本条规定了工程计量时，每一项目汇总工程量的有效位数。

【条文】3.0.6　本规范各项目仅列出了主要工作内容，除另有规定和说明外，应视为已经包括完成该项目所列或未列的全部工作内容。

【要点说明】本条规定了工作内容应按以下三个方面的要求执行：

（1）清单计算规范对项目的工作内容进行了规定，除另有规定和说明外，应视为已经包括完成该项目的全部工作内容，未列入内容或未发生，不应另行计算。

（2）清单计算规范附录中的工作内容列出了主要施工内容，施工过程中发生的机械移位、材料运输等辅助内容，虽然未列出，但也应包括。

（3）清单计算规范以成品考虑的项目，如采用现场预制的，应包括制作的工作内容。

四、工程量清单编制

4.1 一般规定

【条文】4.1.1 编制初步设计阶段工程量清单应依据：

1 本规范。

2 国家、电力行业建设主管部门颁发的计价依据和办法。

3 电力建设工程设计文件、初步设计图纸。

4 与电力建设工程项目有关的标准、规范、技术资料。

5 拟定的招标文件。

6 施工现场情况、工程特点及常规施工方案。

7 其他相关资料。

【要点说明】本条规定了编制初步设计阶段工程量清单的编制依据。

【条文】4.1.2 编制施工图设计阶段工程量清单应依据：

1 本规范。

2 国家、电力行业建设主管部门颁发的计价依据和办法。

3 电力建设工程设计文件、施工图纸。

4 与电力建设工程项目有关的标准、规范、技术资料。

5 拟定的招标文件。

6 施工现场情况、工程特点、经审定的施工组织设计及施工方案。

7 其他相关资料。

【要点说明】本条规定了编制施工图设计阶段工程量清单的编制依据。

【条文】4.1.3 其他项目、规费和税金项目清单应按照 DL/T 5745—2021《电力建设工程工程量清单计价规范》的相关规定编制。

【要点说明】本条规定了其他项目、规费和税金应按照《电力建设工程工程量清单计价规范》（DL/T 5745—2021）的相关规定进行编制。其他项目清单包括暂列金额、暂估价、计日工、施工总承包服务费；规费包括社会保险费、住房公积金；税金指增值税，按政府有关主管部门的规定计算。

【条文】4.1.4 编制工程量清单出现附录中未包括的项目，编制人应做补充，并报电力工程造价与定额总站备案。补充的工程量清单需附有补充项目名称、项目特征、计量单位、工程量计算规则、工作内容。不能计量的措施项目，需附有补充项目名称、工作内容及包含范围。

【要点说明】工程建设中新材料、新技术、新工艺等不断涌现，清单计算规范附录所列的工程量清单项目不可能包含所有项目。在编制工程量清单时，当出现清单计算规范附录中未包括的项目时，编制人应补充。在编制补充项目时应注意以下三方面：

（1）补充的清单项目码按按计量规范的规定确定。具体做法如下：补充项目的编码填写在相应分部分项工程量清单项目最后，并在"项目编码"栏中以"补××"示之，"××"为新增项目顺序码，自 01 起按顺序编制。同一招标工程的项目不得重码。

（2）在工程量清单中应附补充的项目名称、项目特征、计量单位、工程量计算规则和工作内容。

（3）将编制的补充项目报电力工程造价与定额管理总站备案。

4.2 分部分项工程

【条文】4.2.1 工程量清单应根据附录规定的项目编码、项目名称、项目特征、计量单位和工程量计算规则进行编制。

【要点说明】本条规定了构成一个分部分项工程量清单的五要素——项目编码、项目名称、项目特征、计量单位和工程量计算规则，这五要素在分部分项工程量清单的组成中缺一不可。

【条文】4.2.2 工程量清单的项目编码，应采用阿拉伯数字加英文字母十二位编码表示，共分为五级。附录 E 根据清单项目类别，并参照《火力发电工程建设预算编制与计算规定》的项目划分，分别列出第一级工程专业码由一位数字与一位字母组成；第二级项目划分码由四位字母组成；第三级为阶段码，初设阶段编码用 C 表示，施工图阶段编码用 S 表示；第四级为清单项目码；阶段码与清单项目码在附录 A、附录 B、附录 C、附录 D 中列出；第五级为清单项目顺序码，顺序编码共两位，由清单编制人根据拟建工程的工程量清单项目名称和特征设置，自"01"起进行顺序编码，同一招标工程的项目编码不应有重码。

【要点说明】本条规定了分部分项工程量清单编码的规则：编码由十二位阿拉伯数字加英文字母组成，共分为五个级别，工程量清单编码规则如图 2-1 所示。

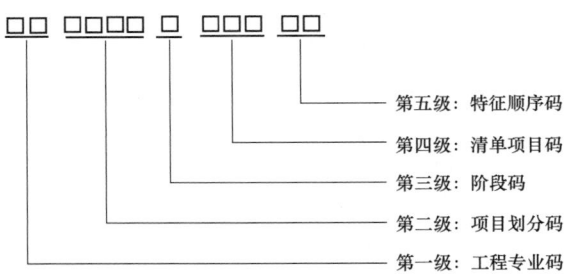

图 2-1　工程量清单编码规则

第一级为两位工程专业码，用一位阿拉伯数字加一位英文字母表示："1A"表示燃煤建筑工程、"1B"表示燃煤机务工程，"1C"表示燃煤电气工程，"1D"表示燃气建筑工程，"1E"表示燃气机务工程，"1F"表示燃气电气工程。

第二级为项目划分码，用英文字母表示。

第三级为阶段码，"C"代表初步设计阶段，"S"代表施工图阶段。

第四级为清单项目码，用一位英文字母加两位阿拉伯数字表示。

第五级为清单项目特征顺序码，用两位阿拉伯数字表示。

【条文】4.2.3　工程量清单的项目名称应按照附录 A～附录 D 的项目名称，结合拟建工程的实际确定。

【要点说明】本条规定了分部分项工程量清单项目名称的确定原则，应按清单计算规范附录中的项目名称，结合拟建电力工程的实际确定。项目名称原则上以形成工程实体而命名，特别是归并或综合较大的项目应区分项目名称，分别编码列项。项目名称如有缺项，招标人可按相应的原则进行补充，并报当地工程造价管理机构备案。

【条文】4.2.4　工程量清单的项目特征应按照附录 A～附录 D 的项目特征，结合拟建工程的实际予以描述。

【要点说明】本条规定了分部分项工程量清单项目特征的描述原则。工程量清单的项目特征是确定一个清单项目综合单价不可缺少的重要依据，在编制工程量清单时，必须对项目特征进行准确和全面的描述。但有些项目特征用文字难以准确和全面的描述。为达到规范、简洁、准确和全面描述项目特征的要求，在描述工程量清单项目特征时应按以下原则进行：

（1）项目特征描述的内容应按清单计算规范附录中的规定，结合拟建工程实际，满足确定综合单价的需要。

（2）若采用标准图集或施工图纸能够全部或部分满足项目特征的要求，项目特征描述可直接采用"详见××图集（或××图号）"的方式。对不能满足项目特征描述要求的部分，仍应用文字描述。

（3）凡项目特征中未描述到的其他独有特征，由清单编制人视项目具体情况确定，以准确描述清单项目为准。

【条文】4.2.5　工程量清单中所列工程量应按照附录 A～附录 D 中规定的工程量计算规则计算。

【要点说明】本条规定了分部分项工程量清单项目的工程量计算原则。分部分项工程量清单工程量主要通过工程量计算规则计算得到，按照清单计算规范附录中"工程量计算规则"规定的计算方法计算确定。除另有说明外，所有清单项目的工程量应以实体工程量为准，并以完成后的净值计算；投标人报价时，应在单价中考虑施工中各种损耗和需要增加的工程量。

【条文】4.2.6　工程量清单的计量单位应按照附录 A～附录 D 中规定的计量单位确定。

【要点说明】本条规定了分部分项工程量清单项目的计量单位的确定原则。计量单位应按清单计算规范附录中相应项目的规定计量单位填写。附录中有两个或两个以上计量单位的，应根据清单计算规范中规定的特征描述，并结合拟建工程项目的实际来选定一个合适的计量单位。

【条文】4.2.7　本规范混凝土项目均包括模板及支撑的制作、安拆等工作内容。

【要点说明】本条阐述了现浇混凝土项目均包括模板及支撑制作、安拆等工作内容。若采用成品预制混凝土构件时，成品价（包括模板、钢筋、混凝土等所需费用）计入综合单价中，即成品的出厂价格及运杂费等进入综合单价。

【条文】4.2.8　本规范初步设计阶段清单项目均包括施工中水平运输、垂直运输、建筑物超高施工等因素。

【要点说明】本条阐述了采用初步设计阶段工程量清单招标，均包括水平运输、垂直运输、建筑物超高施工等费用，不再单独计算此费用。

【条文】4.2.9　本规范初步设计阶段清单项目均包括施工用脚手架安、拆等工作内容。

【要点说明】本条阐述了采用初步设计阶段工程量清单招标，均包括安、拆脚手架等，不再单独计算此费用。

【条文】4.2.10　本规范初步设计阶段清单项目混凝土预制构件、金属构件、土石方等除特殊说明外，均包括距离 1 km 的运输。

【要点说明】本条阐述了采用初步设计阶段工程量清单招标，混凝土预制构件、金属构件、土石方等除特殊说明外，均包括距离 1km 的运输费用，超过 1km 的运输费用另行计算。

【条文】4.2.11　本规范建筑工程初步设计阶段金属构件按成品编制项目。

【要点说明】本条阐述了采用初步设计阶段工程量清单招标，金属构件按成品考虑，构件成品价应计入全费用综合单价。若采用现场制作，包括制作的所有费用应进入全费用综合单价，不得再单列金属构件制作的清单项目。

【条文】4.2.12　本规范建筑初步设计阶段门窗按成品编制项目。

【要点说明】本条阐述了采用初步设计阶段工程量清单招标，门窗按成品考虑，门窗成品价应计入综合单价中。若采用现场制作，包括制作的所有费用应进入全费用综合单价，不得再单列门窗制作的清单项目。

【条文】4.2.13　本规范机务工程工程量清单工作内容包括随设备成套供货范围内的附件安装，但不包括成套供货的电控装置、电控系统及线缆等电气性工作。

【要点说明】采用清单计算规范编制工程量清单时，机务专业工作内容包括随设备成套供货范围内的附件安装，但不包括成套供货的电控装置、电控系统及线缆等电气性工作。工艺成套供货的电气性工作项目清单设置按照电气工程清单编制规则执行。

4.3　措施项目

【条文】措施项目中列出了项目编码、项目名称、项目特征、计量单位、工程量计算规则的项目，编制工程量清单时，应按本规范附录 A ~ 附录 D 的措施项目规定的项目编码、项目名称确定。

【要点说明】措施项目是指为完成拟建工程项目施工，发生于该工程施工前和施工过程中技术、生活、安全等方面的非工程实体项目。措施项目清单应根据拟建工程的实际情况列项。其中：

（1）对于能计量且以清单形式列出的项目（即单价措施项目），应结合拟定的施工方案，同分部分项工程一样，编制工程量清单时应列出项目编码、项目名称、项目特征、计量单位。同时应按清单计算规范中 4.2 的有关规定执行。

（2）对于不能计量的项目（即总价措施项目），应结合拟定的施工方案明确其包含的内容、要求及计算公式。

第三章

初步设计阶段工程量清单项目及计算规则说明

本章内容将《电力建设工程工程量清单计算规范 火力发电工程》（DL/T 5369—2021）与《电力建设工程概算定额（2018 年版） 第一册 建筑工程》《电力建设工程概算定额（2018 年版） 第二册 热力设备安装工程》《电力建设工程概算定额（2018 年版）第三册 电气设备安装工程》《电力建设工程概算定额（2018 年版）第四册 调试工程》《电力建设工程预算定额（2018 年版）第七册 通信工程》进行有机结合，形成参考对应表，便于引导初步设计阶段工程量清单计价的编制。

一、建筑工程

A.1 土石方工程

项目编码	项目名称	计量单位	参考定额编号	备注
CA01	场地平整 土方	m³	GT1-1；GT1-10	
CA02	场地平整 亏方碾压	m³	GT1-2；GT1-11	
CA03	土方施工	m³	GT1-3～GT1-5；GT1-12～GT1-15	
CA04	挖淤泥流砂	m³	GT1-6	
CA05	挖冻土	m³	GT1-7；GT1-16	
CA06	土方运输	m³	GT1-8	
CA07	淤泥运输	m³	GT1-9	
CA08	场地平整石方	m³	GT1-18；GT1-19；GT1-23；GT1-24	
CA09	石方施工	m³	GT1-20；GT1-21；GT1-25；GT1-26	
CA10	石方运输	m³	GT1-20	
CA11	耕植土过筛、挑拣	m³	GT1-17	
CA12	障碍物清除	项		根据实际测算
CA13	外购土方	m³		计列购置费
CA14	余方弃置	m³		参考工程所在地政府部门规定

A.2 基础与地基处理工程

项目编码	项目名称	计量单位	参考定额编号	备注
CB01	条形基础	m³	GT2-1～GT2-5	
CB02	独立基础	m³	GT2-6～GT2-8	
CB03	筏形基础	m³	GT2-10	

项目编码	项目名称	计量单位	参考定额编号	备注
CB04	杯形基础	m³	GT2-9	
CB05	箱形基础	m³	GT2-11	
CB06	汽机机座	m³	GT2-12	
CB07	燃机基础	m³	GT2-13	
CB08	锅炉基础	m³	GT2-14	
CB09	其他设备基础	m³	GT2-18；GT2-19	
CB10	零米以下结构表面防腐	m²	GT10-52～GT10-55	
CB11	二次灌浆	m³	YT5-110～YT5-112	
CB12	设备螺栓固定架安装	t	YT5-151	
CB13	设备基础弹簧隔震垫安装	个	YT5-156	
CB14	GIS 基础	m³	GT2-17	
CB15	变压器基础	m³	GT2-15	
CB16	变压器油池	m³	GT2-16	
CB17	钢管桩	t	GT2-20	
CB18	管桩桩芯填料	m³	GT2-21；GT2-22	
CB19	钢筋混凝土预制桩	m³	GT2-23；GT2-24	扣除凿桩费用
CB20	灌注桩	m³	GT2-25；GT2-26	扣除凿桩费用
CB21	旋挖钻孔桩	m³	GT2-27	
CB22	支盘灌注桩　机械成孔	m³	GT2-28	
CB23	填料灌注桩	m³	GT2-29；GT2-30	
CB24	水泥粉煤灰碎石桩 钻孔成孔	m³	GT2-31	
CB25	挤密桩	m³	GT2-32；GT2-33	
CB26	水泥搅拌桩	m³	GT2-34；GT2-35	
CB27	压密注浆	m³	GT2-36	
CB28	打圆木桩	m³	GT2-37	
CB29	声测管	m	YT3-109	
CB30	换填	m³	GT2-38～GT2-44	
CB31	强夯	m²	GT2-45～GT2-48	
CB32	回填	m³	GT2-50；GT2-51	挖方体积－埋置设施所占体积
CB33	地下混凝土连续墙	m³	GT2-49	
CB34	堆载预压	m³	GT2-52	
CB35	桩头处理	1. m³ 2. 个	YT3-66～YT3-70	

A.3　地面与地下设施工程

项目编码	项目名称	计量单位	参考定额编号	备注
CC01	汽机房与除氧间地下设施（含 A 排外披屋）	m²	GT3-1～GT3-5	
CC02	煤仓间与锅炉房地下设施（含煤仓间、炉前通道、锅炉披屋）	m²	GT3-6～GT3-10	

项目编码	项目名称	计量单位	参考定额编号	备注
CC03	半地下建筑地面	m²	GT3-19～GT3-21	
CC04	复杂地面	m²	GT3-22～GT3-29	
CC05	普通地面	m²	GT3-30～GT3-38	

A.4 楼面与屋面工程

项目编码	项目名称	计量单位	参考定额编号	备注
CD01	浇制混凝土楼板	m²	GT4-1；GT4-2；GT4-9～GT4-11	
CD02	汽机运转层平台	m²	GT4-3；GT4-4	
CD03	汽机中间层平台	m²	GT4-5；GT4-6	
CD04	锅炉平台	m²	GT4-7；GT4-8	
CD05	汽机房预制屋面板	m²	GT4-14	
CD06	浇制混凝土屋面板	m²	GT4-17～GT4-19	
CD07	压型钢板底模	m²	GT4-12	与钢梁浇制混凝土楼板和钢梁浇制混凝土屋面板配套使用
CD08	压型钢板屋面	m²	GT4-15；GT4-16	
CD09	室外楼梯	m²	GT4-13	
CD10	屋面排水	m²	GT4-20；GT4-21	
CD11	屋面保温隔热	m²	GT4-22；GT4-23	
CD12	屋面柔性防水	m²	GT4-24～GT4-26	屋面防水女儿墙翻高度500以内，超过部分另外立项
CD13	屋面细石混凝土刚性防水	m²	GT4-27	
CD14	瓦屋面	m²	GT4-28～GT4-30	
CD15	屋面隔热架空层	m²	GT4-31	
CD16	种植屋面	m²	GT4-32	
CD17	采光屋面	m²	GT4-33～GT4-36	
CD18	复杂楼面整体面层	m²	GT4-37；GT4-38；GT4-41；GT4-42	
CD19	复杂楼面块料面层	m²	GT4-39；GT4-40；GT4-43	
CD20	楼面整体面层	m²	GT4-44～GT4-46；GT4-51；GT4-52	
CD21	楼面块料面层	m²	GT4-47；GT4-48；GT4-54	
CD22	楼面地板面层	m²	GT4-49；GT4-50；GT4-53；GT4-55	
CD23	天棚吊顶	m²	GT4-56～GT4-64	
CD24	玻璃钢格栅	m²	GT4-65	
CD25	玻璃钢栏杆	m	GT4-66	

A.5 墙体工程

项目编码	项目名称	计量单位	参考定额编号	备注
CE01	金属墙板	m²	GT5-1～GT5-3	
CE02	预制墙板	m³	GT5-4	

项目编码	项目名称	计量单位	参考定额编号	备注
CE03	砌体外墙	m³	GT5-5～GT5-11	
CE04	砌体内墙	m³	GT5-14～GT5-21	
CE05	贴砌聚乙烯苯板外墙	m³	GT5-12	
CE06	彩钢夹心板外墙	m²	GT5-13	
CE07	隔断墙	m²	GT5-22～GT5-29	
CE08	隔断	m²	GT5-31；GT5-32	
CE09	屏蔽网	m²	GT5-30	
CE10	墙面抹灰	m²	GT5-33；GT5-34；GT5-43；GT5-44	
CE11	墙面涂料	m²	GT5-35～GT5-37；GT5-46；GT5-47	
CE12	墙面块料面层	m²	GT5-38～GT5-40；GT5-50	
CE13	干挂用钢骨架	t	GT8-15	
CE14	玻璃幕墙	m²	GT5-41	
CE15	饰面板	m²	GT5-42；GT5-48；GT5-49；GT5-51	

A.6 门窗工程

项目编码	项目名称	计量单位	参考定额编号	备注
CF01	门	m²	GT6-12～GT6-27	
CF02	窗	m²	GT6-1～GT6-19	
CF03	电子感应门	m²	GT6-28	
CF04	卷帘门	m²	GT6-29～GT6-31	
CF05	窗护栏	m²	GT6-10；GT6-11	

A.7 钢筋混凝土结构工程

项目编码	项目名称	计量单位	参考定额编号	备注
CG01	钢筋混凝土基础梁	m³	GT7-1；GT7-8	
CG02	钢筋混凝土框架	m³	GT7-2；GT7-9	
CG03	钢筋混凝土柱	m³	GT7-3；GT7-10	
CG04	钢筋混凝土梁	m³	GT7-4；GT7-13	
CG05	钢筋混凝土吊车梁	m³	GT7-5；GT7-14	
CG06	钢筋混凝土煤斗梁	m³	GT7-6	
CG07	钢筋混凝土煤斗	m³	GT7-7	
CG08	钢筋混凝土异形柱	m³	GT7-11	
CG09	钢筋混凝土空心管柱	m³	GT7-12	
CG10	钢筋混凝土薄腹梁	m³	GT7-15	
CG11	钢筋混凝土悬臂板	m³	GT7-16	
CG12	钢管内灌混凝土柱	m³	GT7-17	
CG13	底板	m³	GT7-18	

项目编码	项目名称	计量单位	参考定额编号	备注
CG14	底板上填混凝土	m³	GT7-19	
CG15	混凝土墙	m³	GT7-20～GT7-22	
CG16	普通钢筋	t	GT7-23	
CG17	措施钢筋	t	GT7-27；GT7-28	
CG18	预应力钢筋制作安装	t	GT7-24	
CG19	铁件	t	GT7-25	制作、安装
CG20	预埋地脚螺栓	t	GT7-26	

A.8 钢结构工程

项目编码	项目名称	计量单位	参考定额编号	备注
CH01	钢屋架	t	GT8-1；GT8-10	
CH02	钢网架	t	GT8-2；GT8-11	
CH03	钢结构柱	t	GT8-3；GT8-12	
CH04	钢结构梁	t	GT8-4；GT8-13	
CH05	钢结构吊车梁	t	GT8-5；GT8-14	
CH06	钢结构支撑、桁架、墙架	t	GT8-6；GT8-15	
CH07	空冷平台钢桁架	t	GT8-16	
CH08	钢结构煤斗	t	GT8-7	
CH09	钢格栅板	t	GT8-8	
CH10	钢煤箅子	t	GT8-17	
CH11	钢轨	t	GT8-18	
CH12	其他钢结构	t	GT8-9；GT8-19	
CH13	不锈钢结构	t	GT8-20；GT8-21	
CH14	沉降观测装置	套	YT6-94；YT6-95	
CH15	钢结构刷防火涂料	t	GT8-22	
CH16	钢结构刷加强防腐漆	t	GT8-23	
CH17	钢结构镀锌或喷锌	t	GT8-24；GT8-25	

A.9 构筑物工程

项目编码	项目名称	计量单位	参考定额编号	备注
CJ01	输煤地道	m³	GT9-1	
CJ02	输煤栈桥混凝土底板	m²	GT9-2；GT9-3	
CJ03	地下转运站	m³	GT9-4	
CJ04	卸煤沟地下部分	m³	GT9-5	
CJ05	翻车机室地下部分	m³	GT9-6	
CJ06	翻车机室零米设施	m²	GT9-7	
CJ07	储煤筒仓基础	m³	GT9-8	
CJ08	储煤筒仓筒壁	m³	GT9-9	
CJ09	灰库基础	m³	GT9-21	

项目编码	项目名称	计量单位	参考定额编号	备注
CJ10	灰库筒壁	m³	GT9-22	
CJ11	石灰石筒仓基础	m³	GT9-24	
CJ12	石灰石筒仓筒壁	m³	GT9-25	
CJ13	构筑物内衬	1. m² 2. t	GT9-10～GT9-12	
CJ14	灰库隔热	m³	GT9-23	
CJ15	圆形煤场　环形基础	m³	GT9-13	
CJ16	圆形煤场　挡煤墙	m³	GT9-14	
CJ17	圆形煤场　挡煤墙壁柱	m³	GT9-15	
CJ18	圆形煤场　砌耐火砖墙	m³	GT9-16	
CJ19	圆形煤场　给料机柱式基础	m³	GT9-17	
CJ20	煤场　钢网架安装	t	GT9-18	
CJ21	煤场　网架板安装	m²	GT9-19	
CJ22	煤场地面	m²	GT9-20	
CJ23	冷却塔基础	m³	GT9-26	
CJ24	冷却塔水池	m³	GT9-27	
CJ25	冷却塔人字（X形）柱	m³	GT9-28；GT9-29	
CJ26	冷却塔筒壁	m³	GT9-30～GT9-32	
CJ27	冷却塔淋水装置构件	m³	GT9-33	
CJ28	溅水与除水及填料	m²	GT9-34	
CJ29	冷却塔挡风板	m²	GT9-35	
CJ30	冷却塔进水钢管	t	GT9-36	
CJ31	冷却塔钢结构附件	t	GT9-37	
CJ32	高位冷却塔集水槽	m³	GT9-38	
CJ33	高位冷却塔溅水与除水及填料	m²	GT9-39	
CJ34	高位冷却塔中央竖井	m³	GT9-40	
CJ35	高位冷却塔预制构架梁	m³	GT9-41	
CJ36	高位冷却塔压力进水沟	m³	GT9-42	
CJ37	高位冷却塔收（阻）水槽	m³	GT9-43	
CJ38	沉井制作	m³	GT9-44	
CJ39	沉井下沉	m³	GT9-45；GT9-46	
CJ40	沉井封底	m³	GT9-47～GT9-49	
CJ41	钢筋混凝土沟	m³	GT9-50	
CJ42	循环水渠	m³	GT9-51；GT9-52	
CJ43	钢筋混凝土池	m³	GT9-53	
CJ44	供水管道安装	m	GT9-54～GT9-94	
CJ45	管道建筑	m	GT9-95～GT9-113	
CJ46	烟囱基础	m³	GT9-114	

项目编码	项目名称	计量单位	参考定额编号	备注
CJ47	烟囱筒身	m³	GT9-115；GT9-116	
CJ48	烟囱钢内筒	t	GT9-117；GT9-118；GT9-124；GT9-125	
CJ49	不锈钢内筒	t	GT9-119	
CJ50	玻璃钢内筒	m²	GT9-123	
CJ51	套筒烟囱内筒	m³	GT9-128	
CJ52	耐高温防腐漆	m²	GT9-126	
CJ53	超细玻璃棉保温隔热	m³	GT9-120	
CJ54	烟囱钢结构附件	t	GT9-135	
CJ55	烟囱内衬	m³	GT9-127；GT9-129～GT9-132	
CJ56	烟囱钢内筒防腐	m²	GT9-121；GT9-122	
CJ57	烟囱与烟道内壁耐酸加强防腐	m²	GT9-133；GT9-134	
CJ58	烟道	m³	GT9-136；GT9-137	
CJ59	烟道砌筑（浇筑）内衬	m³	GT9-138～GT9-141	
CJ60	钢烟道支架	t	GT9-142	
CJ61	钢筋混凝土烟道支架	m³	GT9-143	
CJ62	钢筋混凝土构（支）架	m³	GT9-144；GT9-149；GT9-154；GT9-159	
CJ63	离心杆构（支）架	m³	GT9-145；GT9-150；GT9-155；GT9-160	
CJ64	钢管构（支）架	t	GT9-146；GT9-151；GT9-156；GT9-161	
CJ65	型钢构（支）架	t	GT9-147；GT9-152；GT9-157；GT9-162	
CJ66	格构式钢管型钢构（支）架	t	GT9-148；GT9-153；GT9-158；GT9-163	
CJ67	构架梁	t	GT9-164；GT9-165	
CJ68	构支架钢附件	t	GT9-166	
CJ69	避雷针塔	t	GT9-167；GT9-168	
CK01	灰坝清基	m³	GT9-169	
CK02	陆地抛石挤淤	m³	GT9-170	
CK03	筑坝	m³	GT9-171～GT9-176	
CK04	垫层	m³	GT9-177；GT9-178	
CK05	坝体护面	m³	GT9-179～GT9-181	
CK06	排水竖井	m³	GT9-182	
CK07	消力池	m³	GT9-183	
CK08	灰场排水管道	m³	GT9-184	
CK09	灰场排渗管道	m	GT9-185；GT9-186	
CK10	反滤料层	m³	GT9-187	
CK11	土工布、土工膜	m²	GT9-188；GT9-189	

项目编码	项目名称	计量单位	参考定额编号	备注
CK12	观测管铺设	m	GT9-190	
CK13	观测标	m³	GT9-191	

A.10　厂区性建筑工程

项目编码	项目名称	计量单位	参考定额编号	备注
CL01	道路、地坪	m³	GT10-1～GT10-4	可参考预算定额
CL02	预制块路面	m²	GT10-5	
CL03	混凝土绝缘操作地坪	m²	GT10-6	
CL04	广场砖地坪	m²	GT10-7	
CL05	道路面层	m³	GT10-8；GT10-9	
CL06	围墙	m²	GT10-10～GT10-17	
CL07	围墙上铁丝网	m²	GT10-18	
CL08	大门	m²	GT10-21～GT10-23	
CL09	电动伸缩门	m²	GT10-24	
CL10	汽车限行杆	套	GT10-25	
CL11	防火墙	m³	GT10-26～GT10-29	
CL12	隔声（抑尘）墙	m²	GT10-30；GT10-31	
CL13	混凝土支架	m³	GT10-32；GT10-33	
CL14	钢结构支架	t	GT10-34；GT10-35	
CL15	室外支墩	m³	GT10-36；GT10-37	
CL16	沟道、隧道	m³	GT10-38～GT10-43	
CL17	预制电缆槽沟	m³	GT10-42	
CL18	沟道内敷设室外采暖管道	t	GT10-45	
CL19	直埋室外采暖管道	t	GT10-44	
CL20	室外给水管道	1. t 2. m	GT10-46；GT10-47	组价中计算管件、阀门、消火栓成品费用
CL21	室外管道	m	GT10-49～GT10-51	
CL22	室外消防水管道	t	GT10-48	
CL23	池、沟槽内防水、防腐	m²	GT10-52～GT10-55	按实铺面积计算
CL24	井池	m³	GT10-56～GT10-61	
CL25	深井	m	GT10-62	
CL26	护坡	m³	GT10-63；GT10-66～GT10-68	
CL27	边坡或护坡	m²	GT10-64；GT10-65；GT10-69；GT10-70	
CL28	锚杆支护	m	GT10-75	
CL29	土钉支护	m	GT10-76	
CL30	喷射混凝土支护	m²	GT10-77	
CL31	厂区绿化	m²		参考绿化定额
CL32	挡土墙	m³	GT10-71～GT10-74	

项目编码	项目名称	计量单位	参考定额编号	备注
CL33	防浪护面	m³	GT10-62～GT10-64	
CL34	防浪墙	m³	GT10-65；GT10-66	
CL35	护岸	m³	GT10-78～GT10-82	
CL36	钢结构取水头	t		参考沿海港口水工定额
CL37	隧洞	m		参考沿海港口水工定额
CL38	水下开挖淤泥	m³		参考沿海港口水工定额
CL39	水下开挖石方	m³		参考沿海港口水工定额
CL40	水下浇筑混凝土	m³		参考沿海港口水工定额
CL41	水下抛填	m³		参考沿海港口水工定额
CL42	装配式钢筋混凝土基础安装	m³	GT10-83	
CL43	装配式建筑构件安装	m³	GT10-84～GT10-94	

A.11 室内给水、排水、采暖、通风、空调、除尘及建（构）筑物照明、防雷接地、特殊消防工程

项目编码	项目名称	计量单位	参考定额编号	备注
CM01	给排水	1. m³ 2. m² 3. m	GT11-1～GT11-29	
CM02	采暖	1. m³ 2. m² 3. m	GT11-30～GT11-57	
CM03	通风空调	1. m³ 2. m² 3. m	GT11-58～GT11-88	
CM04	除尘	1. m³ 2. m² 3. m	GT11-89～GT11-100	
CM05	照明与防雷接地	1. m³ 2. m² 3. m	GT11-101～GT11-134	
CM06	电梯	部		厂家供货，包括安装费
CN01	主厂房特殊消防	套	GT11-135～GT11-139	
CN02	输煤系统特殊消防	套	GT11-140～GT11-144	
CN03	燃油系统特殊消防	套	GT11-145～GT11-149	
CN04	变压器系统特殊消防	套	GT11-150～GT11-154	
CN05	变电特殊消防	套	GT11-155～GT11-157	
CN06	电缆隧道消防	m	GT11-158	
CN07	煤斗低压二氧化碳消防	t	GT11-159	
CN08	封闭圆形煤场消防炮	套	GT11-160	
CN09	脱硫消防	套	GT11-161	

注 220V 及以下照明、插座、开关、防雷接地、低压用电设备安装工程包含在建筑清单中，设备单价不含在全费用综合单价中，应在"清单表-5 投标人采购材料及设备表"中单列。

A.12 临时工程

项目编码	项目名称	计量单位	参考定额编号	备注
CP01	施工电源	km		无对应定额
CP02	施工变压器	台		无对应定额
CP03	施工变电站	座		无对应定额
CP04	施工水源	km		无对应定额
CP05	施工水管线	km		无对应定额
CP06	施工通信线路	km		无对应定额
CP07	施工道路	m^3	GT10-1～GT10-9	
CP08	施工水泵房	m^3		无对应定额

A.13 措施项目

项目编码	项目名称	计量单位	参考定额编号	备注
CQ01	轻型井点降水系统安装与拆除	m	GT12-2	
CQ02	井点降水系统安拆	根	GT12-4；GT12-6	
CQ03	坑槽明排水降水系统运行	套·天	GT12-1	
CQ04	轻型井点降水系统运行	套·天	GT12-3	
CQ05	井点降水系统运行	套·天	GT12-5；GT12-7	
CQ06	打拔钢管桩或钢板桩	t	GT12-8；GT12-9	
CQ07	水泥搅拌桩	m^3	GT2-34；GT2-35	
CQ08	施工围堰	m^3	GT9-192；GT9-193	

二、机务工程

B.1.1 锅炉机组

项目编码	项目名称	计量单位	参考定额编号	备注
CA01	锅炉钢架	t	GJ1-1～GJ1-6	
CA02	锅炉钢架油漆	t	GJ1-7～GJ1-9	
CA03	锅炉本体	t	GJ1-10～GJ1-18	
CA04	空气预热器	1. 台 2. t	GJ1-19～GJ1-26	
CA05	等离子点火装置	台炉	GJ1-27～GJ1-29	
CA06	锅炉本体试验	台炉	GJ1-30～GJ1-37	
CA07	锅炉本体清洗	台炉	GJ1-38～GJ1-51	
CA08	锅炉本体清洗废液处理	台炉		新增，项目建设过程中会实际发生费用，无对应定额
CA09	送风机	台	GJ1-62～GJ1-69； GJ1-82～GJ1-84	
CA10	一次风机	台	GJ1-62～GJ1-69； GJ1-70～GJ1-72； GJ1-85～GJ1-87	
CA11	引风机	台	GJ1-52～GJ1-61； GJ1-76～GJ1-81； GJ1-90；GJ1-91	

项目编码	项目名称	计量单位	参考定额编号	备注
CA12	其他风机	台	GJ1-73～GJ1-75；GJ1-88；GJ1-89	
CA13	静电除尘器	t	GJ1-92～GJ1-95	
CA14	电袋除尘器	t	GJ1-96	
CA15	布袋除尘器	t	GJ1-97	
CA16	湿式除尘器	t	GJ1-98；GJ1-99	
CA17	磨煤机	台	GJ1-100～GJ1-123	
CA18	给煤机	台	GJ1-124～GJ1-128	
CA19	给粉机	台		中间储仓式给粉系统需要使用，无对应定额
CA20	循环流化床锅炉炉前给煤及石灰石粉输送设备	台		循环流化床锅炉需要使用，无对应定额
CA21	煤斗疏松机	台		实际安装存在该设备，无对应定额
CA22	冷风道	t	GJ1-129～GJ1-138	
CA23	热风道	t	GJ1-129～GJ1-138	
CA24	烟道	t	GJ1-129～GJ1-138	
CA25	高温排气烟道	t	GJ1-129～GJ1-138	
CA26	原煤管道	t	GJ1-129～GJ1-138	
CA27	煤粉管道	t	GJ1-129～GJ1-138	
CA28	送粉管道	t	GJ1-129～GJ1-138	
CA29	高温炉烟管道	t	GJ1-129～GJ1-138	
CA30	循环流化床风道	t	GJ1-129～GJ1-138	
CA31	低温省煤器	t	GJ1-150	
CA32	定期排污扩容器	台	GJ1-143～GJ1-146	
CA33	暖风器	台炉	GJ1-17～GJ1-149	
CA34	箱类	1. 台 2. t	GJ1-139～GJ1-142	容积大于 $45m^3$ 的水箱，按现场加工配置考虑
CA35	设备平台、扶梯、栏杆、支架	t	GJ1-151	
CA36	玻璃钢平台扶梯	m^2	GJ1-152	

注 1. 计算锅炉质量时，不包括包装材料、运输加固件和炉墙材料。
　　2. 锅炉钢架不包括锅炉之间以及锅炉与厂房之间的联络平台扶梯，上述联络平台扶梯按设计分工列。
　　3. 除尘器安装质量为所有零部件质量，不含保温油漆，电除尘器不含电源装置。
　　4. 除尘器安装不包括制造厂扩大供货的烟道安装和制造厂供货的电气装置安装，烟道安装应使用烟道安装子目，电气装置安装应使用电控部分电气装置安装子目。
　　5. 低温省煤器安装不包括冷却水系统管道安装，应使用相应的汽水管道安装子目。
　　6. 玻璃钢平台扶梯安装不包括高度超过 1.5m 以上的支架安装。

B.1.2 汽轮发电机组

项目编码	项目名称	计量单位	参考定额编号	备注
CB01	汽轮机及汽轮发电机本体	套	GJ2-1～GJ2-14	
CB02	汽轮发电机辅助设备	套	GJ2-15～GJ2-29	

项目编码	项目名称	计量单位	参考定额编号	备注
CB03	旁路装置	套	GJ2-30～GJ2-36	
CB04	除氧器及给水箱	台	GJ2-37～GJ2-49	
CB05	连续排污扩容器	台	GJ2-50～GJ2-54	
CB06	疏水扩容器	台	GJ2-55～GJ2-61	
CB07	疏水箱	台	GJ1-139～GJ1-142	
CB08	减温减压器	台	GJ2-62～GJ2-68	
CB09	生水加热器	台	GJ4-1	
CB10	起重机械	台	GJ2-69～GJ2-116	
CB11	工字钢轨道	m	GJ2-117～GJ2-121	
CB12	锅炉用电梯	台	GJ2-175～GJ2-178	
CB13	给水泵组	套	GJ2-122～GJ2-134	
CB14	汽动给水泵	台		考虑按单台安装时的情况，无对应定额
CB15	电动给水泵	台	GJ2-135～GJ2-141	
CB16	其他水泵	台	GJ2-152 ～ GJ2-166；GJ2-174	
CB17	辅助蒸汽联箱	台		该设备应计列安装费，无对应定额

注 减温减压器安装不含调节设备安装和调试，该工作内容包含在热控部分对应工作内容。

B.1.3 热力系统汽水管道

项目编码	项目名称	计量单位	参考定额编号	备注
CC01	主蒸汽管道	t	GJ3-1～GJ3-10	
CC02	再热蒸汽热段管道	t	GJ3-11～GJ3-17	
CC03	再热蒸汽冷段管道	t	GJ3-18～GJ3-21	
CC04	主给水管道	t	GJ3-22～GJ3-28	
CC05	锅炉排污、疏放水管道	t	GJ3-30	
CC06	启动分离器有关管道	t	GJ3-29	
CC07	抽汽管道	t	GJ3-34～GJ3-41	
CC08	辅助蒸汽管道	t	GJ3-34～GJ3-41	
CC09	低压旁路出口管道	t	GJ3-34～GJ3-41	
CC10	中低压给水管道	t	GJ3-34～GJ3-41	
CC11	加热器疏水、排气、除氧器溢放水管道	t	GJ3-34～GJ3-41	
CC12	凝汽器抽真空管道	t	GJ3-34～GJ3-41	
CC13	汽轮机本体轴封蒸汽及疏水系统管道	t	GJ3-34～GJ3-41	
CC14	汽轮发电机组油、氮气、二氧化碳、外部冷却水管道	t	GJ3-49～GJ3-53	
CC15	给水泵汽轮机本体系统管道	t	GJ3-34～GJ3-41	
CC16	主厂房内循环水、冷却水管道	t	GJ3-42～GJ3-48	

项目编码	项目名称	计量单位	参考定额编号	备注
CC17	其他中低压管道	t	GJ3-34～GJ3-41	
CC18	蒸汽管道吹洗临时管道	t	GJ3-31～GJ3-33	
CC19	空冷汽轮机排汽管道	t	GJ3-59～GJ3-61	
CC20	汽轮机本体定型管道	t		小容量机组有此类管道,无对应定额

B.1.4 热网系统

项目编码	项目名称	计量单位	参考定额编号	备注
CD01	热网加热器	台	GJ4-1～GJ4-8	
CD02	自动排污过滤器	台		该设备应计列安装费,无对应定额
CD03	热网站管道	t	GJ4-9	
CD04	厂区热网管道	t	GJ4-10	

B.1.5 炉墙敷设及保温油漆

项目编码	项目名称	计量单位	参考定额编号	备注
CE01	锅炉炉墙砌筑	m^3	GJ5-1～GJ5-7	
CE02	设备保温	m^3	GJ5-8;GJ5-9	
CE03	管道保温	m^3	GJ5-10;GJ5-11	
CE04	保温空气隔绝层	1. t 2. m^2		工程实施时可能有该类型保温做法,无对应定额
CE05	设备抹面保护层	m^2	GJ5-12	
CE06	管道抹面保护层	m^2	GJ5-13	
CE07	微孔硅酸钙制品抹面保护层	m^2	GJ5-14	
CE08	保温层护壳	m^2	GJ5-15;GJ5-16	
CE09	刷色环、介质流向箭头	台机	GJ5-17～GJ5-23	
CE10	设备管道油漆	m^2	GJ5-24	
CE11	支吊架及零星钢结构油漆	t	GJ5-24	
CE12	设备管道缠玻璃丝布	m^2	GJ5-25	

注 1. 锅炉炉墙砌筑包括炉体内部砌筑和浇注料及水冷壁、灰斗、渣斗、尾部竖井、折烟墙、炉顶等外部的绝热层敷设。

2. 锅炉本体管道保温列入全厂保温油漆。

3. 保温层护壳面积计算不包括搭接量。

B.1.6 燃料供应系统

项目编码	项目名称	计量单位	参考定额编号	备注
CF01	翻车机卸煤系统	套	GJ6-1;GJ6-2	
CF02	螺旋卸车机	台	GJ6-3;GJ6-4	
CF03	斗链式卸煤机	台	GJ6-5;GJ6-6	
CF04	轨道衡	台	GJ6-63～GJ6-65	
CF05	汽车衡	台	GJ6-68～GJ6-70	

项目编码	项目名称	计量单位	参考定额编号	备注
CF06	入厂煤取样装置	台	GJ6-106	
CF07	堆取料机	台	GJ6-7～GJ6-18	
CF08	惰性气体发生装置	套		筒仓设备安装，无对应定额
CF09	筒仓安全监测装置	套		筒仓设备安装，无对应定额
CF10	给煤机	台	GJ6-53～GJ6-62	
CF11	布料机	台		筒仓设备安装，无对应定额
CF12	带式输送机	台	GJ6-71～GJ6-86	
CF13	圆管带式输送机	台	GJ6-87～GJ6-98	
CF14	入炉煤取样装置	台	GJ6-106	
CF15	头部伸缩装置	台	GJ6-118～GJ6-125	
CF16	卸料装置	台	GJ6-110～GJ6-117	
CF17	电子皮带称秤	台	GJ6-66	
CF19	碎煤机	台	GJ6-19～GJ6-28	
CF20	清篦破碎机	台	GJ6-51	
CF21	可逆锤击细碎煤机	台	GJ6-52	
CF22	煤筛	台	GJ6-29～GJ6-50	
CF23	除木器	台	GJ6-107～GJ6-109	
CF24	除铁器	台	GJ6-126～GJ6-134	
CF25	沉煤池抓斗机	台		煤水设备安装，无对应定额
CF26	煤水分离器	台		煤水设备安装，无对应定额
CF27	落煤管	t	GJ6-135	
CF28	落煤管耐磨内衬	m²		有现场安装内衬的情况，无对应定额
CF29	曲线落煤管	t		工程实施时会发生安装费，无对应定额
CF30	封闭导料槽	m		工程实施时会发生安装费，无对应定额
CF31	输煤冲洗水管道	t	GJ6-136	
CF32	卸煤、上煤系统联动	套	GJ6-99～GJ6-105	
CF33	储油罐	1. 台 2. t		工程实施时会发生安装费，无对应定额
CF34	燃油系统设备	套	GJ6-137～GJ6-142	
CF35	燃油系统管道	t	GJ6-143～GJ6-147	
CF36	石灰石卸料系统设备	套		循环流化床锅炉需要使用，无对应定额
CF37	石灰石制备系统设备	套		循环流化床锅炉需要使用，无对应定额
CF38	石灰石输送系统设备	套		循环流化床锅炉需要使用，无对应定额

项目编码	项目名称	计量单位	参考定额编号	备注
CF39	石灰石储存系统设备	套		循环流化床锅炉需要使用，无对应定额
CF40	石灰石供应系统管道	t	GJ6-148	

注 1. 卸煤系统及上煤系统联动适用于为全套新建的工程中。

2. 筒仓安全监测装置按筒仓数量以套计列。

3. 叶轮拨煤机的安装不包括轨道安装，轨道安装可以按汽轮发电机组中的轨道安装计列。

4. 带式输送机安装不包括属于电气安装的各种信号装置（如胶带跑偏开关、煤流信号、堵煤信号、双向拉绳开关等）的安装。

5. 电子皮带秤、动态链码校验装置安装不包括电子设备及其他电气装置的安装、调试。

6. 除杂物装置、除三块装置等可参照除木器安装。

7. 石灰石卸料系统设备、制备系统设备、输送系统设备、存储系统设备及供应系统管道适用于循环流化床锅炉机组。

B.1.7 除灰系统

项目编码	项目名称	计量单位	参考定额编号	备注
CG01	捞渣机	台	GJ7-1～GJ7-4	
CG02	干式排渣机	台	GJ7-5～GJ7-7	
CG03	斗式提升机	台	GJ7-12～GJ7-16	
CG04	碎渣机	台	GJ7-8～GJ7-11	
CG05	渣脱水系统设备	套		采用该设备时，在实施过程中会发生安装费，无对应定额
CG06	仓类	t	GJ7-27	
CG07	脱水仓系统管道	t	GJ7-30	
CG08	渣仓系统管道	t	GJ7-29	
CG09	搅拌机	台	GJ7-19；GJ7-20	
CG10	空气炮	台	GJ7-23	
CG11	真空压力释放阀	台	GJ7-24	
CG12	水力除石子煤系统设备	套	GJ7-25	
CG13	机械除石子煤系统设备	套	GJ7-26	
CG14	气力除石子煤系统设备	套		采用该设备时，在实施过程中会发生安装费，无对应定额
CG15	石子煤系统管道	t	GJ7-28	
CG16	水力喷射器	台	GJ7-31	
CG17	冲灰器	台	GJ7-32	
CG18	锁气器	台	GJ7-33；GJ7-34	
CG19	空气斜槽	台	GJ7-35；GJ7-36	
CG20	插板门	台	GJ7-37	
CG21	闸板门	台	GJ7-38	
CG22	电动三通门	台	GJ7-39	
CG23	渣缓冲罐	台	GJ7-40	
CG24	灰渣沟镶板	m	GJ7-41～GJ7-43	
CG25	冲洗除尘水管道	t	GJ7-44	
CG26	除灰（渣）泵	台	GJ7-45～GJ7-51	

项目编码	项目名称	计量单位	参考定额编号	备注
CG27	除灰（渣）泵房管道	t	GJ7-52	
CG28	高效浓缩机	台	GJ7-17；GJ7-18	
CG29	浓缩机系统管道	t		采用浓缩机时，在实施时会发生相应管道安装费，无对应定额
CG30	厂区水力除灰管道	m	GJ7-53～GJ7-67	
CG31	厂外水力除灰管道	m	GJ7-53～GJ7-67	
CG32	室外灰水回收管道	m	GJ7-53～GJ7-67	
CG33	气力除灰系统设备	套	GJ7-68～GJ7-73	
CG34	负压气力除灰系统设备	套	GJ7-74	
CG35	飞灰分选系统设备	套	GJ7-75	
CG36	气力除灰系统管道	t	GJ7-76	

注 气力除灰系统管道清单项目适用于任何容量机组，包括电除尘器气力除灰管道、省煤器下除灰管道、除灰空气压缩机房管道、气化风机房及气化风管道、卸灰管道、脉冲反吹管道、厂区气力除灰管道，还包括设备厂供管道。

B.1.8 水处理系统

项目编码	项目名称	计量单位	参考定额编号	备注
CH01	凝聚、澄清、过滤系统设备	套	GJ8-1～GJ8-4；GJ8-12；GJ8-13	
CH02	电除盐装置	套	GJ8-14～GJ8-16	
CH03	超滤、反渗透系统设备	套	GJ8-5～GJ8-10	
CH04	超滤、反渗透加药装置	套	GJ8-11	
CH05	锅炉补充水处理系统设备	套	GJ8-17～GJ8-23	
CH06	水箱	1. 台 2. t		采用该设备时，在实施过程中会发生安装费，无对应定额
CH07	凝结水处理系统设备	套	GJ8-24～GJ8-33	
CH08	加酸系统设备	套	GJ8-44	
CH09	制氯系统设备	套	GJ8-88	
CH10	加氯系统设备	套	GJ8-45	
CH11	循环水旁流过滤处理系统设备	套		采用该设备时，在实施过程中会发生安装费，无对应定额
CH12	循环水弱酸系统设备	套	GJ8-41～GJ8-43	
CH13	循环水预处理系统设备	套	GJ8-38～GJ8-40	
CH14	炉内水处理装置设备	套	GJ8-47～GJ8-53	
CH15	加药设备	套	GJ8-47～GJ8-53	
CH16	汽水取样系统设备	套	GJ8-54～GJ8-60	
CH17	凝聚、澄清过滤系统管道	t	GJ8-61	
CH18	超滤、反渗透处理系统管道	t	GJ8-62；GJ8-63	
CH19	过滤、一级除盐加混床处理系统管道	t	GJ8-64～GJ8-68	

项目编码	项目名称	计量单位	参考定额编号	备注
CH20	凝结水处理系统管道	t	GJ8-69～GJ8-74	
CH21	循环水处理系统管道	t	GJ8-75～GJ8-78	
CH22	给水、凝结水联氨处理管道	t	GJ8-80	
CH23	给水、凝结水加氨处理管道	t	GJ8-81	
CH24	炉内水处理管道	t	GJ8-82	
CH25	汽水取样系统管道	t	GJ8-83	
CH26	厂区水处理系统管道	t	GJ8-84～GJ8-87	
CH27	中水处理系统设备	套	GJ8-89；GJ8-90	
CH28	海水淡化超滤前置过滤器	套		采用该设备时，在实施过程中会发生安装费，无对应定额
CH29	海水多级反渗透淡化处理系统设备	套	GJ8-92	
CH30	海水低温多效蒸发淡化处理系统设备	套	GJ8-91	
CH31	海水淡化系统管道	t		采用海水淡化系统时，在实施过程中会发生相应管道安装费，无对应定额

注　1. 化学水系统中的衬胶、衬塑管道及管件按成品考虑。
　　2. 化学水处理管道安装包括随设备供货的管道、阀门。
　　3. 中水处理系统按成套供货考虑。
　　4. 海水淡化系统按成套供货考虑。

B.1.9　供水系统

项目编码	项目名称	计量单位	参考定额编号	备注
CJ01	循环水泵	台	GJ2-142～GJ2-151	
CJ02	旋转滤网	台	GJ9-3～GJ9-17	
CJ03	清污机	台	GJ9-18～GJ9-20	
CJ04	池内设备	台	GJ9-23～GJ9-36	
CJ05	平板滤网、拦污栅	t	GJ9-21	
CJ06	钢闸板	t	GJ9-22	
CJ07	泵房内管道	t	GJ9-1；GJ9-2	
CJ08	供水系统室外管道	m	GJ9-41～GJ9-71	
CJ09	机力冷却塔设备	台	GJ9-111；GJ9-112	
CJ10	空冷凝汽器风机	台	GJ9-91～GJ9-94	
CJ11	空冷凝汽器管束及联箱	m²	GJ9-95～GJ9-97	
CJ12	管束A型支撑架	t	GJ9-98	
CJ13	单元分隔墙	t	GJ9-99	
CJ14	清洗装置	台	GJ9-100	
CJ15	蒸汽分配管	t	GJ9-101	
CJ16	间接空冷散热设备	m²	GJ9-107；GJ9-108	
CJ17	间接空冷冷却三角支架	t	GJ9-109	

项目编码	项目名称	计量单位	参考定额编号	备注
CJ18	空冷钢结构	t	GJ9-110	
CJ19	间接空冷塔内管道	m		采用间接空冷系统时，在实施过程会发生相应管道安装费，无对应定额
CJ20	水轮机组	台		采用海勒式间接空冷系统时，在实施过程中会发生该设备安装费，无对应定额
CJ21	深井水泵	台	GJ9-37～GJ9-40	
CJ22	设备管道防腐	m²	GJ9-72～GJ9-88；GJ9-90	
CJ23	牺牲阳极防腐	m²	GJ9-89	

注　1. 池内设备安装包括机械加速澄清池、重力式无阀滤池、气浮池等。

　　2. 管束"A"型支撑架安装包括检修导轨的安装。

　　3. 单元分隔墙安装包括墙架和墙板的安装，不包括单元分隔墙的制作。

B.1.10　脱硫系统

项目编码	项目名称	计量单位	参考定额编号	备注
CK01	石灰石卸料给料装置	套	GJ10-1～GJ10-5	
CK02	石灰石湿式制浆、干式制粉系统	套	GJ10-7～GJ10-13	
CK03	浆液箱	t	GJ10-15	
CK04	粉仓、贮仓	t	GJ10-6；GJ10-14	
CK05	石灰石浆液管道	t		采用间接空冷系统时，在实施过程会发生相应管道安装费，无对应定额
CK06	吸收塔	t	GJ10-16～GJ10-21	
CK07	搅拌机	台	GJ10-22～GJ10-33	
CK08	氧化风机	台	GJ10-44～GJ10-55	
CK09	海水曝气风机	台		采用海水脱硫系统时，在实施过程中会发生该设备安装费，无对应定额
CK10	曝气装置	台		采用海水脱硫系统时，在实施过程中会发生该设备安装费，无对应定额
CK11	浆液循环泵	台	GJ10-40～GJ10-43	
CK12	海水脱硫泵	台		采用海水脱硫系统时，在实施过程中会发生该设备安装费，无对应定额
CK13	烟气冷却泵	台	GJ10-56；GJ10-57	
CK14	外置式除雾器	台	GJ10-34～GJ10-39	
CK15	增压风机	台	GJ10-62～GJ10-66	
CK16	烟气换热器（GGH）	台	GJ10-58～GJ10-61	
CK17	石膏脱水系统	套	GJ10-68～GJ10-74	
CK18	石膏贮存仓	t	GJ10-75	

项目编码	项目名称	计量单位	参考定额编号	备注
CK19	石膏仓卸料装置	台	GJ10-76；GJ10-77	
CK20	事故浆液箱	t	GJ10-78	
CK21	事故排放系统	台	GJ10-79	
CK22	污泥脱水机	台		对于脱硫后生成的石膏进行脱水时会发生安装费，无对应定额
CK23	脱硫废水处理系统	套	GJ10-80～GJ10-86	
CK24	脱硫废水深度处理系统	套	GJ10-87～GJ10-90	
CK25	脱硫系统管道	t	GJ10-91～GJ10-93	
CK26	脱硫设备及管道防腐	m²	GJ10-94；GJ10-95	
CK27	湿烟羽综合治理系统	套		对于脱硫后的烟气进行再处理，相应设备系统实施时的安装费，无对应定额

注　1．吸收塔未包括吸收塔内搅拌器的防腐或衬里防腐，该工作内容包括在脱硫设备及管道防腐中。
　　2．搅拌机型式包括侧进式、螺旋桨式、斜片涡轮式、顶进式等。

B.1.11　脱硝系统

项目编码	项目名称	计量单位	参考定额编号	备注
CL01	脱硝钢架	t	GJ1-1～GJ1-6	
CL02	SCR 反应器	t	GJ11-1	
CL03	催化剂模块	m³	GJ11-2	
CL04	脱硝区其他装置	台	GJ11-3～GJ11-7	
CL05	氨制备系统设备	台	GJ11-8～GJ11-12	
CL06	尿素溶液设备	台	GJ11-13	
CL07	热解炉	台	GJ11-14	
CL08	氨罐车卸载装置	台		采用罐车运输液氨时，会应用该设备，实施时会发生安装费，无对应定额
CL09	氨供应管道	t		本系统会应用到该类管道，实施时会发生安装费，无对应定额

B.1.12　附属生产工程

项目编码	项目名称	计量单位	参考定额编号	备注
CM01	空气压缩机站设备	套	GJ12-7～GJ12-13	
CM02	压缩空气管道	t	GJ12-15	
CM03	制氢站设备	套	GJ12-15～GJ12-17	
CM04	储氢站设备	套	GJ12-18	
CM05	制（储）氢站管道	t	GJ12-19	
CM06	油处理系统设备	套	GJ12-20～GJ12-22	
CM07	油处理系统管道	t	GJ12-23	

项目编码	项目名称	计量单位	参考定额编号	备注
CM08	车间检修设备	套	GJ12-1～GJ12-6	
CM09	启动锅炉本体及附属设备	套	GJ12-30～GJ12-39	
CM10	启动锅炉烟风煤（油）管道	t	GJ12-40；GJ12-41	
CM11	启动锅炉汽水管道	t	GJ12-42	
CM12	启动锅炉燃煤系统设备	台		采用该设备时，在实施过程中会发生安装费，无对应定额
CM13	启动锅炉除灰系统设备	台		采用该设备时，在实施过程中会发生安装费，无对应定额
CM14	启动锅炉水处理系统设备	台		采用该设备时，在实施过程中会发生安装费，无对应定额
CM15	启动锅炉炉墙砌筑	m³	GJ12-43	
CM16	机组排水槽罗茨风机	台		采用该设备时，在实施过程中会发生安装费，无对应定额
CM17	机组排水槽管道	t		该系统，在实施过程中会发生管道安装费，无对应定额
CM18	含油污（废）水处理装置	套		采用该设备时，在实施过程中会发生安装费，无对应定额
CM19	含油污（废）水管道	t		该系统，在实施过程中会发生管道安装费，无对应定额
CM20	工业废水处理系统设备	套		采用该设备时，在实施过程中会发生安装费，无对应定额
CM21	工业废水处理系统管道	t		该系统，在实施过程中会发生管道安装费，无对应定额
CM22	生活污水处理系统设备	套	GJ12-44	
CM23	生活污水处理系统管道	t		该系统，在实施过程中会发生管道安装费，无对应定额
CM24	悬浮物分离器	台		采用该设备时，在实施过程中会发生安装费，无对应定额
CM25	气浮池	台	GJ9-29～GJ9-33	
CM26	重力式滤池及滤料	台	GJ9-26～GJ9-28	
CM27	污泥浓缩装置	台	GJ9-34～GJ9-36	
CM28	煤水处理系统装置	套	GJ12-45	
CM29	启闭机	台		采用该设备时，在实施过程中会发生安装费，无对应定额
CM30	刮泥机	台		采用该设备时，在实施过程中会发生安装费，无对应定额

注　1．空气压缩机站设备数量按空压机数量以套计算。

　　2．制氢站设备安装不包括气体分析仪器、仪表的安装，该工作内容包括在热控相应的项目中。

　　3．码头及引桥设备、铁路设备等请参考相关行业的计算规范。

B.1.13 燃气-蒸汽联合循环机组

项目编码	项目名称	计量单位	参考定额编号	备注
CN01	燃气轮机本体	套	GJ13-1～GJ13-5；GJ13-28～GJ12-33	
CN02	燃气发电机本体	套	GJ13-6～GJ13-10	
CN03	燃气轮机进气装置	t	GJ13-11～GJ13-15	
CN04	燃气轮机发电机组本体附属设备	套	GJ13-16～GJ13-27	
CN05	燃气轮机排气扩散段	台	GJ13-34～GJ13-38	
CN06	钢旁路烟囱	t	GJ13-39～GJ13-43	
CN07	余热锅炉钢架	t	GJ1-1～GJ1-6	
CN08	余热锅炉钢架油漆	t	GJ1-7～GJ1-9	
CN09	余热锅炉本体	t	GJ13-44～GJ13-46	
CN10	余热锅炉本体独立钢烟囱	t	GJ13-47；GJ13-48	
CN11	余热锅炉本体分部试验及试运	台炉	GJ13-49～GJ13-54	
CN12	余热锅炉本体清洗	台炉	GJ1-38～GJ1-51	
CN13	余热锅炉本体清洗废液处理	台炉		新增，项目建设过程中会实际发生费用，无对应定额
CN14	重油处理装置	套	GJ13-59～GJ13-64	
CN15	调压站设备	套	GJ13-65～GJ13-69	
CN16	燃气管道	t		该系统，在实施过程中会发生相应的管道安装费，无对应定额

注　余热锅炉一体式钢烟囱参照清单项目余热锅炉本体安装执行。

三、电气工程

B.2.1 发电机电气

项目编码	项目名称	计量单位	参考定额编号	备注
CA01	发电机电气	台	GD1-1～GD1-5	

注　发电机电气清单包含随发电机成套供货的所有电控设备安装。

B.2.2 变压器

项目编码	项目名称	计量单位	参考定额编号	备注
CB01	电力变压器	台	GD2-1～GD2-49	
CB02	电抗器	台	GD2-50～GD2-67	
CB03	消弧线圈	台	GD2-68～GD2-75	
CB04	接地变压器及消弧线圈成套装置	台	GD2-76；GD2-77	

注　变压器安装清单中不含保护网的制作安装，发生时执行 B.2.5 中保护网清单项目。

B.2.3 配电装置

项目编码	项目名称	计量单位	参考定额编号	备注
CC01	断路器	台	GD3-1～GD3-31	罐式断路器安装参考同电压等级的SF_6断路器安装定额子目

项目编码	项目名称	计量单位	参考定额编号	备注
CC02	GIS	台	GD3-32～GD3-45	
CC03	HGIS	台	GD3-46～GD3-50	
CC04	COMPASS	台	GD3-51；GD3-52	
CC05	隔离开关	组	GD3-53～GD3-121	
CC06	敞开式组合电器	组	GD3-122～GD3-133	
CC07	接地开关	台	GD3-134～GD3-139	
CC08	电压互感器	台	GD3-140～GD3-150	
CC09	电流互感器	台	GD3-151～GD3-171	
CC10	避雷器	组	GD3-172～GD3-187	
CC11	电容器	1. 台 2. 组	GD3-188～GD3-198	1. 计量单位"台"适用于耦合电容器 2. 计量单位"组"适用于集合式电容器
CC12	无功补偿装置	1. 组 2. 套	GD3-199～GD3-219	1. 计量单位"组"适用于静止无功补偿装置、框架式电容器装置 2. 计量单位"套"适用于串联无功补偿装置
CC13	熔断器	组	GD3-220；GD3-221	
CC14	放电线圈	台	GD3-222～GD3-227	
CC15	阻波器	台	GD3-228～GD3-240	
CC16	结合滤波器	台	GD3-241	
CC17	成套高压配电柜	台	GD3-242～GD3-261	
CC18	中性点成套设备	套	GD3-262	
CC19	小电阻接地成套装置	套	GD3-263	
CC20	过电压保护器	组	GD3-172～GD3-187	过电压保护器安装执行同电压等级的氧化锌避雷器安装定额子目
CC21	一次组合设备预制舱	座	YD3-267	

注 配电装置安装清单中不包括设备支架制作安装、保护网制作安装，发生时执行 B.2.5 中铁构件、保护网清单项目。

B.2.4 母线、绝缘子

项目编码	项目名称	计量单位	参考定额编号	备注
CD01	支持绝缘子	个	GD4-1～GD4-8	
CD02	穿墙套管	个	GD4-9～GD4-14	
CD03	软母线	跨/三相	GD4-15～GD4-39	
CD04	带形母线	m	GD4-40；GD4-41	
CD05	槽形母线	m	GD4-42；GD4-43	
CD06	支持式管形母线	m	GD4-44～GD4-47	
CD07	悬吊式管形母线	跨/三相	GD4-48～GD4-53	

项目编码	项目名称	计量单位	参考定额编号	备注
CD08	GIS 母线	1. 三相米 2. m	GD4-54～GD4-59	1. 计量单位"三相米"适用于分相母线 2. 计量单位"m"适用于共箱母线
CD09	GIL 母线	1. 三相米 2. m	GD4-54～GD4-59	1. 计量单位"三相米"适用于分相母线 2. 计量单位"m"适用于共箱母线
CD10	GIS 进出线套管	个	GD4-60～GD4-65	
CD11	GIL 进出线套管	个	GD4-60～GD4-65	
CD12	分相封闭母线	三相米	GD4-66～GD4-71	
CD13	共箱封闭母线	m	GD4-72；GD4-73	

注 1. 带形母线、管形母线、槽形母线、封闭母线安装清单中不包括支架制作安装,发生时执行 B.2.5 中铁构件制作、安装清单项目。

　　2. GIS 母线清单适用于 GIS 主母线和间隔外的分支母线。

B.2.5 控制、继电保护屏

项目编码	项目名称	计量单位	参考定额编号	备注
CE01	控制盘台柜	面	GD5-1；GD5-2	
CE02	保护盘台柜	面	GD5-8～GD5-19	
CE03	区域安全稳定控制柜	面	GD5-3～GD5-7	
CE04	变频器	套	GD5-20；GD5-21	
CE05	输煤程控装置	套	GD5-22；GD5-23	
CE06	铁构件制作	t	GD5-24	
CE07	铁构件安装	t	GD5-25	
CE08	保护网	m²	GD5-26	
CE09	预制舱式一二次组合设备	座	YD5-14～YD5-16	
CE10	预制舱式二次组合设备	座	YD5-17～YD5-19	
CE11	预制式二次组合设备	组	YD5-20；YD5-21	
CE12	预制式智能控制柜	台	YD5-22；YD5-23	

注 1. 输煤程控装置安装清单中不包括输煤工业电视系统安装,输煤工业电视系统安装执行 B.2.12 中工业闭路电视系统清单项目。

　　2. 当输煤控制采用 DCS 时,输煤控制安装清单执行 B.2.12 中分散控制系统清单项目。

B.2.6 厂(站)用电

项目编码	项目名称	计量单位	参考定额编号	备注
CF01	高压配电柜	台	GD6-1～GD6-5	
CF02	干式变压器	台	GD6-6～GD6-11	
CF03	箱式变电站	台	GD6-12；GD6-13	
CF04	低压成套配电柜	台	GD6-14～GD6-19	
CF05	车间配电盘	台	GD6-20	
CF06	除尘器电气	台	GD6-21～GD6-23	

项目编码	项目名称	计量单位	参考定额编号	备注
CF07	蓄电池	1. 只 2. 组	GD6-24～GD6-39	1. 计量单位"只"适用于免维护蓄电池安装 2. 计量单位"组"适用于其他蓄电池安装
CF08	交直流配电装置屏	台	GD6-40	
CF09	事故保安电源	套	GD6-41～GD6-44	
CF10	UPS 三相不停电电源	套	GD6-45；GD6-46	
CF11	抓斗式起重机电气	台	GD6-47～GD6-50	
CF12	堆取料机电气	台	GD6-51～GD6-53	
CF13	滑触线	1. 单相米 2. 三相米	GD6-54～GD6-59	1. 计量单位"单相米"适用于单相式滑触线 2. 计量单位"三相米"适用于三相式滑触线
CF14	设备本体照明	套	GD6-60；GD6-61	
CF15	构筑物照明	套	GD6-62；GD6-64	
CF16	道路照明	套	GD6-63	
CF17	小型电源箱	台	GD6-65	

注　1. 除尘器电气安装清单包含随除尘器成套供货的所有电控设备安装。

　　2. 照明安装清单中不包括照明电缆敷设，发生时执行 B.2.7 中电缆敷设清单项目。

B.2.7　电缆

项目编码	项目名称	计量单位	参考定额编号	备注
CG01	电力电缆	m	GD7-1～GD7-4	
CG02	控制电缆	m	GD7-5；GD7-6	
CG03	电缆保护管	1. t 2. m	GD7-1～GD7-6	1. 计量单位"t"适用于钢质保护管 2. 计量单位"m"适用于塑料保护管
CG04	电缆支架	1. t 2. 副	GD7-7；GD7-8	1. 计量单位"t"适用于钢质支架 2. 计量单位"副"适用于复合材料支架
CG05	电缆桥架	1. t 2. m	GD7-8；GD7-9	1. 计量单位"t"适用于钢质桥架 2. 计量单位"m"适用于铝合金桥架
CG06	电缆竖井	1. t 2. m	GD7-8；GD7-10	1. 计量单位"t"适用于钢质竖井 2. 计量单位"m"适用于铝合金竖井
CG07	电缆防火	1. m 2. m² 3. t	GD7-11～GD7-17	1. 计量单位"m"适用于阻燃槽盒、防火带 2. 计量单位"m²"适用于防火隔板、防火墙 3. 计量单位"t"适用于防火堵料、防火涂料、防火包

注　1. 电缆敷设清单中不包括电缆保护管安装，电缆保护管安装需单独设置清单项目。

　　2. 钢质桥架和铝合金桥架清单均包括桥架、护罩、立柱、托臂及连接件等制作安装。

B.2.8 接地

项目编码	项目名称	计量单位	参考定额编号	备注
CH01	接地母线	m	GD8-1～GD8-3	
CH02	热熔焊接	处	YD9-41	
CH03	阴极保护井	口	GD8-4	
CH04	降阻剂	kg	GD8-6	
CH05	接地装置	1. 个 2. 套 3. 根	GD8-5；GD8-7～GD8-9	1. 计量单位"个"适用于接地模块 2. 计量单位"套"适用于离子接地极、电子设备防雷接地 3. 计量单位"根"适用于深井接地
CH06	接地深井成井	m	GD8-10	
CH07	架空避雷线	根/跨	YD9-42	

注 水平接地母线长度包括主网接地母线、辅助地网接地母线、户内环网接地母线、电缆沟水平接地母线、等电位接地母线等，接地母线安装清单包括了垂直接地体的安装。

B.2.9 通信设备

项目编码	项目名称	计量单位	参考定额编号	备注
CJ01	PCM 设备	1. 台 2. 块	YZ1-3；YZ1-4	1. 本清单项适用于 PCM 设备新建及 PCM 设备扩容接口盘 2. PCM 接口盘定额子目适用于中继板、业务板（用户接口板、数字用户板、二/四线音频接口板、子速率业务接口板）、交叉板等 3. 压缩通道 PCM 设备（ADPCM）执行 PCM 设备清单项目
CJ02	光传输设备	1. 套 2. 台	YZ1-1；YZ1-2；YZ1-5～YZ1-13；YZ1-38	1. 本清单项适用于 SDH 光传输设备、PDH 传输设备 2. 本清单项用于 SDH 光传输设备时，以"套"为计量单位，指 SDH 设备的基本配置（ADM 包含 2 块高阶光板，TM 包含 1 块高阶光板） 3. SDH 传输设备速率为 40Gb/s 时，定额子目参考速率为 10Gb/s 传输设备子目 4. 基本配置以外光板执行"CJ04 接口单元盘"清单项
CJ03	基本子架及公共单元盘	套	YZ1-20；YZ1-21；YZ1-50	1. 本清单项适用于 SDH 光传输设备、OTN 光传送网设备的扩容 2. 在原有光端机上扩容接口单元盘，每次扩容时同 1 套光端机只计列 1 次 3. 在原有 OTN 设备上扩容光路系统、电交叉设备、光交叉设备、光功率放大器、光波长转换器（OTU）等单元，每次扩容时同 1 套 OTN 设备只计 1 次
CJ04	接口单元盘	块	YZ1-14～YZ1-19；YZ1-22～YZ1-28	1. 本清单项适用于 SDH 新建、扩容光板 2. 新建接口单元盘指 SDH 传输设备新建时超出其基本配置（ADM 包含 2 块高阶光板，TM 包含 1 块高阶光板）的光板 3. 参考扩容接口单元盘（SDH），单站扩容接口单元盘第 3 块及以上子目

项目编码	项目名称	计量单位	参考定额编号	备注
CJ05	光功率放大器、转换器	1. 套 2. 个 3. 块	YZ1-29～YZ1-32	1. 本清单项适用于光功率放大器、光电转换器、协议转换器、其他光功率补偿类装置 2. 前向纠错（FEC）、受激布里渊散射（SBS）、色散补偿（DCM）执行外置光功率放大器子目 3. 参考色散补偿（DCM）执行外置光功率放大器子目
CJ06	切换装置	台	YZ1-33；YZ1-34	本清单项适用于2M切换装置、光纤线路自动切换保护装置（OLP）
CJ07	线路段光端对测	方向·系统	YZ1-35；YZ1-36；YZ1-56；YZ1-57	1. 本清单项适用于SDH传输设备、OTN光传送网 2. 本清单项目特征"类别"是指SDH设备的端站、中继站，OTN设备的光放站、端站/再生站 3. 线路段光端对测"一收一发"为1个系统，仅指本端至对端的调测 4. 对侧设备的"光端对测"应计量
CJ08	光传送网（OTN）设备	套	YZ1-39	本清单项适用于新建OTN基本成套设备（含2个光系统），每套包括电层子架1个、光层子架2个、40波合分波器2套、光功率放大器4块、色散补偿（DCM）2块
CJ09	OTN光路系统设备	套	YZ1-40；YZ1-51	1. 本清单项适用于新建增装和扩容OTN光路系统。 2. 新建增装指OTN基本成套设备（2个光系统）以外的光路系统 3. OTN光路系统（1个光系统），每套包括光层子架1个、40波合分波器1套、光功率放大器2块、色散补偿（DCM）1块 4. 参考定额扩容OTN光路系统，在单站扩容第2套及以上子目
CJ10	OTN光（电）交叉设备	1. 套 2. 维度	YZ1-41～YZ1-43；YZ1-52～YZ1-54	本清单项适用于新建和扩容光（电）交叉设备
CJ11	光波长转换器（OTU）	块	YZ1-44；YZ1-55	1. 本清单项适用于新建和扩容光波长转换器 2. 参考单站扩容第2套及以上子目
CJ12	合波器、分波器	套	YZ1-45；YZ1-46	1. 本清单项适用于已有OTN设备上单独增装合波器、分波器 2. 本清单项每"套"包括1个合波器和1个分波器
CJ13	光谱分析模块	块	YZ1-47	
CJ14	光放站光线路放大器（OLA）	套	YZ1-48；YZ1-49	本清单项每"套"包括光层子架1个、2个方向的光放大器及公共设备
CJ15	光传送网（OTN）通道调测	方向·波道	YZ1-58～YZ1-61	1. 本清单项适用于OTN光通道开通、调测 2. 仅指本端至对端的调测
CJ16	光传送网（OTN）网络保护	方向·段	YZ1-62～YZ1-64	1. 本清单项适用于线路保护、光通道保护、子网连接保护 2. 根据工程实际配置的技术方案计列

项目编码	项目名称	计量单位	参考定额编号	备注
CJ17	光分路器（POS）	个	YZ1-65	光分路器（POS）安装在铁塔上，定额人工乘以系数1.5
CJ18	光网络单元（ONU）	台	YZ1-66	光网络单元（ONU）安装在铁塔上，定额人工乘以系数1.5
CJ19	光线路终端（OLT）	台	YZ1-67	光网络单元（ONU）安装在铁塔上，定额人工乘以系数1.5
CJ20	无源光网络系统联调	系统	YZ1-70	无源光网络系统联调，1个环路为1个系统
CJ21	DDN设备	套	YZ1-71～YZ1-73	
CJ22	光、电调测中间站配合	站	YZ1-37	本清单项适用于中间站仅进行光、电跳线工作
CJ23	通信抱杆	基	YZ2-1～YZ2-6	1. 楼面抱杆、支撑杆的计量单位为"基" 2. 楼面抱杆、支撑杆"高度"是指杆顶距底座的高度 3. 铁塔抱杆计量单位为"副" 4. 铁塔抱杆的安装高度是指抱杆底部距塔或杆底座的高度 5. 铁塔抱杆定额按40m以内、40m以上每增加1m设置
CJ24	天线	副	YZ2-7～YZ2-10	1. 本清单项目特征"位置"是指天线安装在楼面抱杆上、支撑杆上、铁塔上 2. 安装在铁塔上的天线，定额按40m以内、40m以上每增加1m设置
CJ25	馈线	条	YZ2-11；YZ2-12	馈线定额按10m以内、10m以上每增加1m设置
CJ26	射频拉远设备	套	YZ2-13～YZ2-16	1. 本清单项目特征"位置"是指设备安装在楼面抱杆、支撑杆上、铁塔上 2. 安装铁塔上的射频拉远设备，定额按40m以内、40m以上每增加1m设置
CJ27	一体化基站设备	套	YZ2-17；YZ2-18	一体化基站设备定额按10m以内、10m以上每增加1m设置
CJ28	基站主设备	套	YZ2-19	
CJ29	核心网设备	套	YZ2-20	核心网设备的机柜、防火墙、交换机执行通信工程相应清单项目
CJ30	无线终端	套	YZ2-21	
CJ31	中继放大器	台	YZ2-22；YZ1-68；YZ1-69	1. 接入点设备（AP）、中继点设备（TG）按"套"计列 2. 接入点设备（AP）、中继点设备（TG）安装在铁塔上，定额人工乘以系数1.5
CJ32	无线专网设备联调	1. 站 2. 扇区 3. 套	YZ2-23～YZ2-25	基站系统调测计量单位为"站"、联网调测计量单位为"扇区"、核心系统调测计量单位为"套"
CJ33	电话交换设备	架	YZ5-1	1. 电话交换设备每"架"含500线 2. 大容量程控交换机安装，超出部分执行清单项"CK40用户集线器（SLC）设备"

项目编码	项目名称	计量单位	参考定额编号	备注
CJ34	用户集线器（CKC）设备	架	YZ5-2	用户集线器（SLC）设备包含与电话交换设备间的线缆连接
CJ35	程控交换机计费系统调试	套	YZ5-6	
CJ36	程控电话交换设备系统联调	千线	YZ5-8～YZ5-10	1．本清单项适用于用户线调试、中继线调试、增值服务调试 2．计量单位"千线"是指交换门数，不足千线按1千线计量
CJ37	扩装交换设备板卡、模块	块	YZ5-3～YZ5-5；YZ5-16；YZ5-17	本清单项适用于程控电话交换设备、电力调度程控交换设备的扩装板卡及模块
CJ38	维护终端、话务台、告警设备	台	YZ5-7	
CJ39	电力调度程控交换机	架	YZ5-11～YZ5-15；YZ5-18	本清单项适用于电力调度程控交换机、电力调度台、电力调度录音装置
CJ40	电力调度程控交换机系统联调	系统	YZ5-19	新增1台电力调度程控交换机设备计1个系统联调
CJ41	IMS设备	台	YZ5-20～YZ5-25	本清单项适用于核心设备、应用服务器、网关设备、AG接入网关、IAD接入设备、IP话务台设备
CJ42	应用平台调试	套	YZ5-26～YZ5-30	本清单项适用于IMS基础业务应用平台调试、短信平台、Web视频会议平台、彩铃系统、计费系统
CJ43	会议电话汇接机及扩音装置	1．架 2．部	YZ6-1；YZ6-2；YZ6-4	
CJ44	会议电话终端机	套	YZ6-3	
CJ45	会议电话系统	系统	YZ6-5；YZ6-6	
CJ46	会议电视终端机	台	YZ6-7；YZ6-8	
CJ47	会议电视多点控制器（MCU）、视频/音频矩阵、编解码器	台	YZ6-9～YZ6-13	
CJ48	会议电视系统联网调试	1．端 2．系统	YZ6-14～YZ6-16	本清单项适用于会议电视视频终端联网试验、会议电视系统联网调试
CJ49	业务、指标、性能测试	站	YZ6-17～YZ6-19	1．本清单项适用于新建、扩容会议电视系统 2．新建会议电视系统时，只在主站分别执行业务、指标、性能测试各1次 3．原有会议电视系统扩容、增加新会场时，在主站分别执行业务、指标、性能测试各1次
CJ50	网络设备	台	YZ7-1～YZ7-19	1．本清单项适用于路由器、交换机、服务器和宽带接入设备 2．路由器、交换机定额已包含公共部分及光模块的安装调测 3．路由器与路由器之间采用光模块直连时，相应调测执行"线路段光端对测"清单项 4．在运路由器新增路由方向时，执行相应路由器定额子目乘以系数0.5

项目编码	项目名称	计量单位	参考定额编号	备注
CJ51	网络安全设备	台	YZ7-20~YZ7-22	本清单项适用于防火墙设备、硬件加密装置、物理隔离装置设备、入侵检测（IDS/IPS）、抗DDOS攻击设备、上网行为管理与流控设备、安全接入平台设备等
CJ52	数据存储设备	台	YZ7-23~YZ7-32	本清单项目适用于硬盘驱动器、磁盘阵列、磁带机、磁带库、光盘机、光盘库
CJ53	网络系统调试	系统	YZ7-33~YZ7-38	网络系统调试清单项目适用于局域网系统调试、接入广域网系统调试、接入互联网系统调试、网络安全系统调试
CJ54	摄像机安装杆	根	YZ8-1	立钢管杆定额包括接地安装工作，不含接地装材费
CJ55	摄像机设备	台	YZ8-2~YZ8-5	1.包括云台、照明灯安装 2.本清单项目特征"位置"是指摄像机安装在室内、室外 3.摄像机与主控设备连接的光（电）缆敷设执行通信线路相应清单项目 4.铁塔上安装摄像机执行摄像机（室外）定额子目，定额人工乘以系数1.5
CJ56	告警、传感器	只	YZ8-6~YZ8-12	本清单项目适用于烟雾、门窗告警装置，温度、湿度传感器，吹扫装置、冷却装置，动力监控装置，水浸监控装置，风速传感器，空调、风机控制器等
CJ57	视频监控管理设备	台	YZ8-13~YZ8-21	
CJ58	视频监控设备系统联调	系统	YZ8-22	
CJ59	动力环境监控设备	台	YZ8-23	
CJ60	动力环境监控子站调测	站	YZ8-24	动力环境监控系统不包含采集设备，另执行相应清单项
CJ61	动力环境监控远端接入联调	系统	YZ8-25	
CJ62	扩音呼叫设备	只	YZ8-26~YZ8-32	本清单项适用于呼叫器、调音台、服务主机、无线收发器、无线发射主机、扩音装置、号筒喇叭等
CJ63	扩音呼叫系统联调	点	YZ8-33	
CJ64	显示装置	m^2	YZ8-34	
CJ65	数字录像机	台	YZ8-35~YZ8-37	
CJ66	电子围栏	套	YZ8-38~YZ8-45	本清单项目包括电子围栏主控制设备、围栏线、绝缘杆、围栏监测装置的安装和入侵报警系统调试
CJ67	门禁	台	YZ8-46~YZ8-50	本清单项目适用于读卡器、电磁锁、门禁控制器
CJ68	门禁系统联调	控制点	YZ8-51	
CJ69	大楼综合定时系统	套	YZ10-1	大楼综合定时系统安装调测定额包含本地监控终端网管调测
CJ70	基准时钟	套	YZ10-2	
CJ71	卫星接收机	套	YZ10-3	
CJ72	网络时间协议设备（NTP）	套	YZ10-4	

项目编码	项目名称	计量单位	参考定额编号	备注
CJ73	卫星接收天线、馈线	条	YZ10-5；YZ10-6	1. 卫星接收天线、馈线计量单位为"条" 2. 定额按 30m、每增加 10m 设置
CJ74	通信数字同步网系统联调	站	YZ10-7	通信数字同步网设备是指通信专用的频率同步网设备，不适用于二次、自动化系统时间同步设备
CJ75	网络管理系统	套	YZ11-1；YZ11-2	1. 本清单项适用于新建的网络管理系统，分为Ⅰ类网管、Ⅱ类网管 2. Ⅰ类网管系统适用于 SDH、OTN、PTN、xPON、交换网、无线专网、数据网等新建网管系统 3. Ⅱ类网管系统适用于 PDH、切换装置、卫星通信、PCM 设备、载波设备、微波设备、光路子系统、同步网、动力环境监控系统等其他新建网管系统
CJ76	蓄电池柜	架	YZ12-1	
CJ77	蓄电池组	组	YZ12-2～YZ12-9	1. 本清单项仅适用于通信工程各类蓄电池组 2. 本清单项包括蓄电池容量试验
CJ78	蓄电池在线监测设备	套	YZ12-10	每组蓄电池计 1 套在线监测设备
CJ79	高频开关电源屏	面	YZ12-11～YZ12-15	
CJ80	高频开关整流模块	块	YZ12-16；YZ12-17	本清单项适用于在原有开关电源上扩容或更换模块
CJ81	高频开关电源系统调测	系统	YZ12-18；YZ12-19	1. 本清单项适用于开关电源系统调测、开关电源远端监控配合 2. 高频开关电源系统调测是指开关整流设备、阀控式铅酸免维护蓄电池组等设备的联合运行调测
CJ82	配电屏	面	YZ12-20～YZ12-23	本清单项适用于交流配电屏、直流配电屏
CJ83	其他电源设备	台	YZ12-24～YZ12-28	本清单项目适用于整流设备、电源变换器（AC/DC、DC/DC）、UPS、电源浪涌保护器、电源分配器等

注 密集波分复用设备执行光传送网（OTN）设备相应清单项目。

B.2.10 通信辅助设备及设施

项目编码	项目名称	计量单位	参考定额编号	备注
CK01	机柜	面	YZ14-1；YZ14-4	1. 本清单项适用于各类通信、信息、服务器等设备屏柜（机架） 2. 本清单项包括设备底座的安装
CK02	光（电）缆槽道、走线架	m	YZ14-2；YZ14-3	1. 本清单项适用于主槽道、过桥、汇流、垂直、对墙槽道等 2. 光（电）缆槽道、走线架安装定额按成品考虑
CK03	配线架	架	YZ14-5～YZ14-17	本清单项适用于光纤分配（子）架、数字分配（子）架、音频分配（子）架、网络分配（子）架、综合分配架、敞开式音频配线架

项目编码	项目名称	计量单位	参考定额编号	备注
CK04	分线设备	组	YZ14-18～YZ14-27	本清单项目适用于保安单元、电缆交接配线箱、光缆交接箱、音频分线盒、高频分线盒
CK05	布放线缆	m	YZ15-1；YZ15-4；YZ15-10～YZ15-12	1. 本清单项适用于布放射频同轴电缆（不含电缆头制作安装）、电话线、以太网线、电力电缆 2. "布放射频同轴电缆"定额适用于单芯同轴电缆，布放多芯同轴电缆定额乘以系数 1.3 3. 电力电缆仅指通信工程的直流电缆 4. 交流电缆敷设执行发电工程相应子目
CK06	同轴电缆头	个	YZ15-13	同轴电缆 1 芯按 2 个同轴电缆头计量
CK07	配线架布放跳线	条	YZ15-2；YZ15-5	1. 本清单项目适用于数字分配架布放跳线、音频配线架布放跳线 2. 数字分配架布放跳线，定额未包含同轴电缆头制作安装。若采用成品跳线时，不重复计量同轴电缆头
CK08	放绑软光纤	条	YZ15-6	本清单项指放绑单芯或双芯成品软光缆
CK09	固定线缆	条	YZ15-7～YZ15-9	清单项目适用于 PCM、程控交换机至音频配线架之间电缆的布放，包括电缆两端头制作安装
CK10	公共设备	台	YZ16-1～YZ16-5；YZ16-8～YZ16-11	本清单项目适用于通用计算机、电话机、语音网关、投影机、屏幕、多电脑切换器（KVM）等
CK11	模块	只	YZ16-6；YZ16-7	本清单项目适用于信息模块、防雷模块
CK12	通信业务调试	条	YZ17-1～YZ17-10	1. 本清单项目适用于 2M 以下（不含 2M）业务通道、2M 业务通道、34M 业务通道、155M 业务通道、622M 业务通道、2.5G 业务通道、10G 业务通道、10/100M 业务通道、GE 业务通道、10GE 业务通道调试 2. 通信业务指端与端之间具体业务通道的开通、调试，不论中间经过多少站点均按 1 条通信业务计列 3. 通信业务调试在中间站点仅有跳纤、跳线工作时，执行"光、电调测中间站配合"清单项 4. 参考通信业务调试需要在不同传输网管对接操作时子目

B.2.11 通信线路工程

项目编码	项目名称	计量单位	参考定额编号	备注
CL01	立杆	根	YZ13-1；YZ13-3	1. 本清单项目综合材料运输、装卸、杆（坑）土石方挖填、立杆、装拉线、接地等工作 2. 立水泥杆定额不含接地装材费
CL02	架空普通光缆	km	YZ13-2；YZ13-4～YZ13-7	1. 本清单项包括吊线及光缆架设 2. 光缆芯数在项目特征"规格型号"中标注 3. 工程计量以光缆线路亘长计算

项目编码	项目名称	计量单位	参考定额编号	备注
CL03	架空 ADSS 光缆	km	YZ13-8～YZ13-11	1. 光缆芯数在项目特征"规格型号"中标注 2. 工程计量以光缆线路亘长计算 3. 本清单项目综合牵、张场场地建设等工作
CL04	管（沟）道光缆	km	YZ13-12～YZ13-19 YZ13-37～YZ13-40	1. 本清单项包括保护管敷设、引上光缆土石方挖填 2. 本清单项目特征"敷设方式"是指穿子管敷设、沟道内敷设光缆
CL05	室内光缆	m	YZ13-20～YZ13-22； YZ13-37；YZ13-38； YZ13-41；YZ13-42	1. 本清单项包括保护管敷设、打穿墙洞、安装支承物 2. 本清单项目特征"敷设方式"是指槽道式光缆、槽板式沿墙光缆、室内通道光缆
CL06	音频电缆	km	YZ13-2； YZ13-23～YZ13-42； YZ13-48～YZ13-50	1. 本清单项包括保护管敷设、吊线及电缆架设、成端电缆、引上光（电）缆土石方挖填、打穿墙洞、安装支承物、电缆全程充气 2. 本清单项目特征"敷设方式"是指沟内人工敷设音频电缆、架空音频电缆、墙壁式音频电缆
CL07	音频电缆接续	头	YZ13-43～YZ13-46	
CL08	电缆全程调测	条	YZ13-47	
CL09	光缆单盘调测	盘	YZ13-51～YZ13-58	1. 光缆芯数在项目特征"规格型号"中标注 2. 工程计量按设计分盘方案确定
CL10	光缆接续	头	YZ13-59～YZ13-66	1. 本清单项目适用于线路光缆中间部分的接续，电厂构架光缆接头盒至机房的光缆熔接执行厂（站）内光缆熔接 2. 光缆芯数在项目特征"规格型号"中标注
CL11	厂（站）内光缆熔接	头	YZ13-67～YZ13-79	1. 本清单项目适用于厂（站）内光缆的熔接 2. 光缆芯数在项目特征"规格型号"中标注
CL12	厂（站）内光缆测试	段	YZ13-80～YZ13-91	光缆芯数在项目特征"规格型号"中标注
CL13	光缆全程测量	段	YZ13-92～YZ13-99	1. 光缆全程测量是指本端光配单元至对端光配单元之间的全程测试 2. 光缆芯数在项目特征"规格型号"中标注
CL14	光缆跨越	处	YZ13-100～YZ13-105	本清单项目适用于低压线、弱电线、高压电力线、一般公路、高速公路、一般铁路、河流等

B.2.12 自动控制装置及仪表

项目编码	项目名称	计量单位	参考定额编号	备注
CM01	分散控制系统	点	GD9-1	
CM02	热力控制盘柜	面	GD9-2；GD9-3	

项目编码	项目名称	计量单位	参考定额编号	备注
CM03	热力配电箱	台	GD9-4	
CM04	炉膛火焰工业电视	套	GD9-5	
CM05	汽包水位工业电视	套	GD9-6	
CM06	工业闭路电视系统	点	GD9-7	
CM07	烟气连续监测系统	套	GD9-8	
CM08	热控导线	m	GD9-9	
CM09	热控管路	m	GD9-10	
CM10	伴热电缆	m	GD9-11	
CM11	伴热管路	m	GD9-12	
CM12	电厂智能化	1. 套 2. 项		根据具体项目选套定额

注 自动控制装置及仪表安装清单中不包括仪表设备支架制作安装、管路支吊架制作安装，发生时执行 B.2.5 中铁构件制作、安装清单项目。

四、调试工程

B.3.1 分系统调试

项目编码	项目名称	计量单位	参考定额编号	备注
CP01	锅炉分系统调试	台	GS1-1～GS1-6	
CP02	循环流化床锅炉分系统调试	台	GS1-1～GS1-6	循环流化床锅炉调试按同容量常规锅炉子目乘以系数 1.2
CP03	汽轮机分系统调试	台	GS1-7～GS1-12	
CP04	发电机主变压器分系统调试	台	GS1-13～GS1-18	
CP05	厂用电分系统调试	台	GS1-19～GS1-24	厂用电分系统调试中主厂房相关厂用辅机系统主要包括引风机、送风机、一次风机系统、空气预热器系统、燃油系统、制粉系统、吹灰系统、暖风器系统、灰渣系统、炉水循环泵系统、闭式冷却水系统、压缩空气系统、开式水系统、凝结水泵系统、胶球清洗泵系统、循环水泵及加药系统、除氧给水系统、主机润滑油及顶轴油系统、小汽机油系统及盘车装置、高低压旁路系统、发电机氢油水系统、真空泵系统、轴封系统、疏水系统、工业水系统、化学补充水处理系统、凝结水精处理系统、全厂补充水系统、制氢站系统、废油、废水（包括雨水）处理系统
CP06	公用及外围分系统调试	台	GS1-25～GS1-30	其中主要外围及公用辅助系统主要包括启动锅炉系统、输煤系统、供水及水处理系统、制氢站、废油废水系统、全厂照明系统、等离子或微油点火系统
CP07	升压站分系统调试	站	GS1-31～GS1-35	升压站按 2 台机组 2 回出线配置，采用气体绝缘金属封闭开关设备（GIS）、3/2 接线方式、6 个断路器的系统配置
CP08	热控分系统调试	台	GS1-36～GS1-41	

项目编码	项目名称	计量单位	参考定额编号	备注
CP09	化学分系统调试	台	GS1-42～GS1-47	未包含再生水系统调试工作内容，发生时按《电力建设工程预算定额（2018年版）第六册　调试工程》
CP10	脱硫分系统调试	台	GS1-48～GS1-53	
CP11	脱硝分系统调试	台	GS1-54～GS1-59	
CP12	燃机分系统调试	台	GS1-7～GS1-12	280～350MW 燃机执行 300MW 燃煤机组相关概算定额子目，200～250MW 燃机执行 200MW 燃煤机组相关概算定额子目，100～150MW 燃机执行 135MW 燃煤机组相关概算定额子目，50～60MW 燃机执行 50MW 燃煤机组相关概算定额子目。当设备为一拖一单轴（1 台燃机+1 台余热锅炉+1 台汽轮机）时，调试概算按对应容量燃煤机组乘以系数 0.8；当设备为一拖一双轴时，调试概算按对应容量燃煤机组乘以系数 0.9；当设备为二拖一（2 台燃机+2 台余热锅炉+1 台汽轮机）时，调试概算按对应容量燃煤机组计列
CP13	余热锅炉分系统调试	台	GS1-1～GS1-6	
CP14	燃机控制系统分系统调试	台	GS1-36～GS1-41	燃机控制系统调试是指燃机厂家自配的控制系统调试

注　调试概算按工程为 2 炉 2 机的每台机组平均费用考虑。当单独计算时，第一台机组概算乘以系数 1.1，第二台机组的概算乘以系数 0.9。若工程为 1 炉 1 机时，调试概算乘以系数 1.1。

B.3.2　整套启动调试

项目编码	项目名称	计量单位	参考定额编号	备注
CQ01	锅炉整套启动调试	台	GS2-1～GS2-6	
CQ02	循环流化床锅炉整套启动调试	台	GS2-1～GS2-6	循环流化床锅炉调试按同容量常规锅炉乘以系数 1.2
CQ03	汽轮机整套启动调试	台	GS2-7～GS2-12	
CQ04	发电厂电气整套启动调试	台	GS2-13～GS2-18	
CQ05	升压站整套启动调试	站	GS2-19～GS2-23	升压站按 2 台机组 2 条出线的形式配置，采用气体绝缘金属封闭开关设备（GIS）、3/2 接线方式、6 个断路器的系统配置。升压站部分若有输电线路工作内容，执行输电线路工程分册相应清单项
CQ06	热控整套启动调试	台	GS2-24～GS2-29	
CQ07	化学整套启动调试	台	GS2-30～GS2-35	
CQ08	脱硫整套启动调试	台	GS2-36～GS2-41	
CQ09	脱硝整套启动调试	台	GS2-42～GS2-47	
CQ10	燃机整套启动调试	台	GS2-7～GS2-12	燃气-蒸汽联合循环电站，280～350MW 燃机执行 300MW 燃煤机组相关概算定额子目，200～250MW 燃机执行 200MW 燃煤机组相关概算定额子目，100～150MW 燃机执行 135MW 燃煤机组相关概算定额子目，50～

项目编码	项目名称	计量单位	参考定额编号	备注
CQ10	燃机整套启动调试	台	GS2-7～GS2-12	60MW 燃机执行 50MW 燃煤机组相关概算定额子目。当设备为一拖一单轴（1台燃机+1 台余热锅炉+1 台汽轮机）时，调试概算按对应容量燃煤机组乘以系数 0.8；当设备为一拖一双轴时，调试概算按对应容量燃煤机组乘以系数 0.9；当设备为二拖一（2 台燃机+2 台余热锅炉+1 台汽轮机）时，调试概算按对应容量燃煤机组计列
CQ11	余热锅炉整套启动调试	台	GS2-1～GS2-6	

注 调试概算按工程为 2 炉 2 机的每台机组平均费用考虑。当单独计算时，第一台机组概算乘以系数 1.1，第二台机组的概算乘以系数 0.9。若工程为 1 炉 1 机时，调试概算乘以系数 1.1。

B.3.3 特殊调试

项目编码	项目名称	计量单位	参考定额编号	备注
CR01	锅炉特殊调试		YS3-1～YS3-12	冷炉空气动力场试验若采用火花拍摄，乘以系数 2.0 根据工程实际确定具体清单、计量单位及工程量
CR02	汽轮机特殊调试		YS3-13～YS3-27	根据工程实际确定具体清单、计量单位及工程量
CR03	电气特殊调试		YS3-28～YS3-62	根据工程实际确定具体清单、计量单位及工程量
CR04	热控特殊调试		YS3-63～YS3-86	根据工程实际确定具体清单、计量单位及工程量
CR05	性能试验		YS3-87～YS3-218	根据工程实际确定具体清单、计量单位及工程量

第四章

施工图设计阶段工程量清单项目及计算规则说明

　　本章内容将《电力建设工程工程量清单计算规范　火力发电工程》（DL/T 5369—2021）与《电力建设工程预算定额（2018 年版）　第一册　建筑工程》《电力建设工程预算定额（2018 年版）　第二册　热力设备安装工程》《电力建设工程预算定额（2018 年版）　第三册　电气设备安装工程》《电力建设工程预算定额（2018 年版）　第六册　调试工程》《电力建设工程预算定额（2018 年版）　第七册　通信工程》进行有机结合，形成参考对应表，便于引导施工图设计阶段工程量清单计价的编制。

一、建筑工程

C.1　土石方工程

项目编码	项目名称	计量单位	参考定额编号	备注
SA01	场地平整	m²	YT1-26；YT1-105	
SA02	场地土方碾压	m²	YT1-27～YT1-32；YT1-114	
SA03	挖一般土方	m³	YT1-1～YT1-4	
SA04	挖沟槽土方	m³	YT1-5～YT1-10	
SA05	挖基坑土方	m³	YT1-11～YT1-16	
SA06	挖淤泥、流砂	m³	YT1-17；YT1-42；YT1-43	
SA07	挖冻土	m³	YT1-18；YT1-19；YT1-44～YT1-46	
SA08	管沟土方	m³	YT1-5～YT1-10	
SA09	土方运输	m³	YT1-20；YT1-21；YT1-33～YT1-35	
SA10	淤泥运输	m³	YT1-22；YT1-23；YT1-44	
SA11	冻土运输	m³	YT1-24；YT1-25；YT1-47	
SA12	挖一般石方	m³	YT1-48～YT1-51；YT1-60～YT1-63；YT1-80～YT1-83；YT1-92～YT1-96	
SA13	挖沟槽石方	m³	YT1-52～YT1-55；YT1-64～YT1-67；YT1-84～YT1-87	
SA14	挖基坑石方	m³	YT1-56～YT1-59；YT1-68～YT1-71；YT1-88～YT1-91	

项目编码	项目名称	计量单位	参考定额编号	备注
SA15	挖管沟石方	m³	YT1-52～YT1-55；YT1-64～YT1-67	
SA16	推土机推碴	m³	YT1-97～YT1-102	
SA17	挖掘机挖碴、自卸汽车运碴	m³	YT1-103；YT1-104	
SA18	石方运输	m³	YT1-72；YT1-73	
SA19	石方基坑清底修边	m²	YT1-76～YT1-79	
SA20	回填方	m³	YT1-74；YT1-75；YT1-107～YT1-112	
SA21	碾压	m³	YT1-115；YT1-116	
SA22	基底钎探	m²	YT1-106	
SA23	耕植土过筛、挑拣	m³	YT1-113	
SA24	余方弃置	m³		参考工程所在地政府部门规定
SA25	障碍物清除	项		根据实际测算
SA26	外购土方	m³		计列购置费

C.2 地基处理与基坑支护工程

项目编码	项目名称	计量单位	参考定额编号	备注
SB01	换填	m³	YT2-1～YT2-11	
SB02	堆载预压	m³	YT2-12	
SB03	塑料排水板	m	YT2-13；YT2-14	
SB04	强夯	m²	YT2-15～YT2-23	
SB05	填料桩	m³	YT2-24～YT2-34	
SB06	水泥粉煤灰碎石桩	m³	YT2-35；YT2-36	
SB07	灰土挤密桩	m³	YT2-37～YT2-39	
SB08	水泥搅拌桩	m	YT2-40～YT2-43	
SB09	三轴水泥搅拌桩	m³	YT2-44	
SB10	压密注浆 钻孔	m³	YT2-45	
SB11	压密注浆 注浆	m³	YT2-46	
SB12	孔内深层强夯灰土挤密桩	m³	YT2-47；YT2-48	
SB13	地下混凝土连续墙	1. m³ 2. 段	YT2-49～YT2-58	
SB14	锚杆支护钻孔、灌浆	m	YT2-60；YT2-61	
SB15	锚杆制作安装	t	YT2-62～YT2-67	
SB16	围檩安装、拆除	t	YT2-68	
SB17	锚头制作、安装、张拉、锁定	套	YT2-69	
SB18	土钉支护	m	YT2-70；YT2-71	
SB19	喷射混凝土支护	m²	YT2-72～YT2-74	
SB20	护坡	1. m² 2. m³	YT2-75～YT2-80	
SB21	支挡土板	m²	YT2-81～YT2-88	

C.3 桩基工程

项目编码	项目名称	计量单位	参考定额编号	备注
SC01	钢筋混凝土预制桩	m³	YT3-1～YT3-10；YT3-35	
SC02	钢结构桩	t	YT3-35～YT3-57	
SC03	管桩桩心填料	m³	YT3-58～YT3-60	
SC04	钻孔压浆桩	m	YT3-61～YT3-63	
SC05	打圆木桩	m³	YT3-64；YT3-65	
SC06	机械打孔灌注桩	m³	YT3-71～YT3-78	
SC07	钻孔灌注桩	m³	YT3-79～YT3-86	
SC08	支盘灌注桩　机械成孔	m³	YT3-87～YT3-93	
SC09	人工挖孔灌注桩	m³	YT3-94～YT3-99；YT3-101～YT3-104	
SC10	凿桩头	1. m³ 2. 根	YT3-66～YT3-70	
SC11	声测管	m	YT3-109	
SC12	钢筋笼、网制作与安装	t	YT3-105；YT3-107	
SC13	管桩钢筋托（盖）盘制作与安装	t	YT3-106；YT3-108	

C.4 砌筑工程

项目编码	项目名称	计量单位	参考定额编号	备注
SD01	砖基础	m³	YT4-1	
SD02	砌体外墙	m³	YT4-2～YT4-9	
SD03	砌体内墙	m³	YT4-2～YT4-9	
SD04	空花砖墙	m³	YT4-10	
SD05	砖柱	m³	YT4-11	
SD06	砖围墙	m³	YT4-12	
SD07	砖地沟	m³	YT4-13	
SD08	砖井、池	m³	YT4-14	
SD09	井箅	套	YT4-15	
SD10	井盖	套	YT4-16	
SD11	零星砌砖	m³	YT4-17	
SD12	砖砌体 散水、地坪	m²	YT4-18	
SD13	砖砌体加筋	t	YT4-19	
SD14	砌块墙	m³	YT4-20～YT4-25	
SD15	石基础	m³	YT4-26；YT4-27	
SD16	石墙	m³	YT4-28～YT4-30	
SD17	石柱	m³	YT4-31；YT4-32	
SD18	砌筑石沟道	m³	YT4-33；YT4-34	
SD19	石挡土墙	m³	YT4-35～YT4-39	
SD20	石台阶	m³	YT4-35～YT4-39	
SD21	砌体勾缝	m²	YT4-40～YT4-42	

C.5 混凝土及钢筋、铁件工程

项目编码	项目名称	计量单位	参考定额编号	备注
SE01	垫层	m³	YT5-1～YT5-3	
SE02	条型基础	m³	YT5-5～YT5-7	
SE03	独立基础	m³	YT5-4；YT5-8～YT5-11	
SE04	杯形基础	m³	YT5-12；YT5-13	
SE05	筏形基础	m³	YT5-14～YT5-17	
SE06	箱式基础	m³	YT5-18；YT5-19	
SE07	桩承台基础	m³	YT5-20；YT5-21	
SE08	汽机基础底板	m³	YT5-71；YT5-72	
SE09	一般设备基础	m³	YT5-77～YT5-82	
SE10	复杂设备基础	m³	YT5-83～YT5-88	
SE11	管道弧形基础	m³	YT5-89	
SE12	矩形柱	m³	YT5-22～YT5-25	
SE13	汽机基础框架	m³	YT5-73～YT5-76	
SE14	异形柱	m³	YT5-26；YT5-27	
SE15	构造柱	m³	YT5-28	
SE16	钢管内灌混凝土柱	m³	YT5-29	
SE17	空心管柱	m³	YT5-30；YT5-31	
SE18	基础梁	m³	YT5-32	
SE19	矩形梁	m³	YT5-33～YT5-36	
SE20	异形梁	m³	YT5-37；YT5-38	
SE21	悬臂梁	m³	YT5-39；YT5-40	
SE22	圈梁	m³	YT5-41	
SE23	过梁	m³	YT5-42	
SE24	煤斗梁	m³	YT5-43；YT5-44	
SE25	矩形煤斗	m³	YT5-101；YT5-102	
SE26	有梁板	m³	YT5-45～YT5-48	
SE27	平板	m³	YT5-49；YT5-50	
SE28	悬臂板	m³	YT5-51；YT5-52	
SE29	钢梁浇制混凝土板	m³	YT5-53～YT5-55	
SE30	地下建筑底板	m³	YT5-56；YT5-57	
SE31	直墙	m³	YT5-58～YT5-65	
SE32	防火墙	m³	YT5-66；YT5-67；YT5-105	
SE33	混凝土挡墙	m³	YT5-104	
SE34	电梯井壁	m³	YT5-68；YT5-69	
SE35	电缆、通风竖井	m³	YT5-70	
SE36	隧道、沟道	m³	YT5-90；YT5-91	
SE37	电缆埋管外包混凝土	m³	YT5-92	

项目编码	项目名称	计量单位	参考定额编号	备注
SE38	地坑	m³	YT5-93~YT5-96	
SE39	整体楼梯	m²	YT5-97	
SE40	台阶	m²	YT5-98	
SE41	门窗框	m³	YT5-99	
SE42	挑檐、天沟	m³	YT5-100	
SE43	现浇零星构件	m³	YT5-103	
SE44	杯芯支撑	个	YT5-107	
SE45	螺栓孔	个	YT5-108；YT5-109	
SE46	二次灌浆	m³	YT5-110~YT5-112	
SE47	混凝土蒸汽养护	m³	YT5-199	
SE48	矩形柱	m³	YT5-113；YT5-114；YT5-157~YT5-159	
SE49	支架	m³	YT5-115；YT5-116；YT5-157；YT5-158；YT5-160	
SE50	矩形梁	m³	YT5-117；YT5-118；YT5-157；YT5-158；YT5-161	
SE51	过梁	m³	YT5-119；YT5-157；YT5-158；YT5-162；YT5-170	
SE52	吊车梁	m³	YT5-120；YT5-121；YT5-157；YT5-158；YT5-163；YT5-171	
SE53	薄腹梁	m³	YT5-157；YT5-158；YT5-172	
SE54	轻骨料混凝土墙板	m³	YT5-122；YT5-123；YT5-157；YT5-158；YT5-164；YT5-173	
SE55	板	m³	YT5-124~YT5-126；YT5-157；YT5-158；YT5-165~YT5-167；YT5-174~YT5-177	
SE56	地沟盖板	m³	YT5-127；YT5-157；YT5-158；YT5-168；YT5-178	
SE57	角钢框混凝土盖板	m³	YT5-128；YT5-157；YT5-158	
SE58	小型构件	m³	YT5-129；YT5-157；YT5-158；YT5-169	
SE59	预应力混凝土板	m³	YT5-130；YT5-131；YT5-157；YT5-158	
SE60	预应力混凝土吊车梁	m³	YT5-132；YT5-133；YT5-157；YT5-158	
SE61	混凝土基础	m³	YT5-179	
SE62	混凝土柱	m³	YT5-180	
项目编码	项目名称	计量单位	参考定额编号	备注

项目编码	项目名称	计量单位	参考定额编号	备注
SE63	混凝土梁	m³	YT5-181	
SE64	混凝土板	m³	YT5-182	
SE65	混凝土空调板	m³	YT5-183	
SE66	混凝土墙板	m³	YT5-184；YT5-185	
SE67	混凝土女儿墙	m³	YT5-186	
SE68	混凝土压顶	m³	YT5-187	
SE69	混凝土柱帽	m³	YT5-188	
SE70	混凝土电缆沟	m³	YT5-189	
SE71	混凝土水池	m³	YT5-190	
SE72	混凝土围墙板	m³	YT5-191	
SE73	防火墙	m³	YT5-192；YT5-193	
SE74	钢筋桁架楼承板	m²	YT5-194	包括混凝土、压型钢板底模、钢筋桁架
SE75	盖板	m²	YT5-195；YT5-196	
SE76	玻璃钢格栅	m²	YT5-197	
SE77	铝镁锰板女儿墙压顶	m	YT5-198	
SE78	钢筋制作安装	t	YT5-134；YT5-135	
SE79	预应力钢筋制作安装	t	YT5-136	
SE80	预应力钢丝束	t	YT5-120；YT5-121	
SE81	措施钢筋	t	YT5-139；YT5-140	
SE82	钢筋连接	个	YT5-141～YT5-145	
SE83	钢筋绝缘套	套	YT5-146	
SE84	铁件制作安装	t	YT5-147；YT5-150	
SE85	设备螺栓固定架制作，安装	t	YT5-148；YT5-151	
SE86	穿墙套管制作安装	t	YT5-149；YT5-152	
SE87	预埋螺栓安装	t	YT5-153	
SE88	化学锚栓埋设	个	YT5-154；YT5-155	
SE89	弹簧隔震装置安装	个	YT5-156	
SE90	基础加固混凝土	m³	YT5-200；YT5-210	
SE91	侧向钢筋混凝土柱加固	m³	YT5-202	
SE92	梁底加固混凝土	m³	YT5-203	
SE93	板加固混凝土	m³	YT5-204	
SE94	墙加固混凝土	m³	YT5-205	
SE95	加固钢筋	t	YT5-206～YT5-210	
SE96	墙体加固钢筋	t	YT5-211	
SE97	碳纤维布加固钢筋混凝土柱	m²	YT5-212～YT5-215	
SE98	钢筋植筋	根	YT5-216；YT5-217	
SE99	钢筋混凝土种植筋与化学黏结锚栓	根	YT5-218；YT5-219	

C.6 金属结构工程

项目编码	项目名称	计量单位	参考定额编号	备注
SF01	钢结构柱	t	YT6-1～YT6-3； YT6-44～YT6-47	
SF02	钢支架	t	YT6-4～YT6-6； YT6-44；YT6-45； YT6-48；YT6-49	
SF03	门式钢架	t	YT6-6～YT6-8； YT6-44；YT6-45； YT6-50	
SF04	钢梁	t	YT6-9～YT6-11， YT6-44；YT6-45； YT6-51	
SF05	钢吊车梁	t	YT6-12～YT6-14， YT6-44；YT6-45； YT6-52；YT6-53	
SF06	钢檩条	t	YT6-15～YT6-17； YT6-44；YT6-45； YT6-54	
SF07	钢屋架	t	YT6-17～YT6-19； YT6-44；YT6-45； YT6-55；YT6-56	
SF08	钢桁架	t	YT6-16；YT6-17； YT6-20；YT6-44； YT6-45；YT6-57	
SF09	钢支撑	t	YT6-21；YT6-44； YT6-45；YT6-58	
SF10	钢系杆	t	YT6-22；YT6-44； YT6-45；YT6-58	
SF11	钢挡风架	t	YT6-23，YT6-44； YT6-45；YT6-59	
SF12	钢墙架	t	YT6-24；YT6-44； YT6-45；YT6-59	
SF13	钢煤斗	t	YT6-25；YT6-26； YT6-44；YT6-45； YT6-60	
SF14	钢箅子	t	YT6-27；YT5-28； YT6-44；YT6-45； YT6-61；YT6-62	
SF15	钢平台	t	YT6-29；YT6-30； YT6-44；YT6-45； YT6-63	
SF16	钢格栅板	t	YT6-31；YT6-44； YT6-45；YT6-63	
SF17	钢梯	t	YT6-32；YT6-33； YT6-44；YT6-45； YT6-64	
SF18	钢栏杆	t	YT6-34；YT6-35； YT6-44；YT6-45； YT6-65	
SF19	零星构件制作	t	YT6-36；YT6-44； YT6-45；YT6-66	

项目编码	项目名称	计量单位	参考定额编号	备注
SF20	外包钢结构	t	YT6-37；YT6-44；YT6-45；YT6-66	
SF21	钢屋架、桁架组合平台摊销	t	YT6-38	
SF22	钢煤斗组合平台摊销	t	YT6-39	
SF23	不锈钢栏杆	t	YT6-40；YT6-41；YT6-44；YT6-45；YT6-65	
SF24	不锈钢格栅板	t	YT6-42；YT6-44；YT6-45；YT6-65	
SF25	不锈钢盖板	t	YT6-43～YT6-45；YT6-66	
SF26	不锈天沟	m	YT6-43～YT6-45；YT6-66	
SF27	钢柱	t	YT6-44；YT6-45；YT6-67；YT6-68	
SF28	钢支架	t	YT6-44；YT6-45；YT6-69；YT6-70	
SF29	钢架	t	YT6-44；YT6-45；YT6-71	
SF30	钢梁	t	YT6-44；YT6-45；YT6-72	
SF31	钢吊车梁	t	YT6-44；YT6-45；YT6-73	
SF32	单轨钢吊车梁	t	YT6-44；YT6-45；YT6-74	
SF33	钢檩条	t	YT6-44；YT6-45；YT6-75	
SF34	钢网架安装	t	YT6-44；YT6-45；YT6-76	
SF35	钢屋架	t	YT6-44；YT6-45；YT6-77；YT6-78	
SF36	钢桁架	t	YT6-44；YT6-45；YT6-79	
SF37	钢支撑、钢系杆	t	YT6-44；YT6-45；YT6-80	
SF38	钢墙架、钢挡风架	t	YT6-44；YT6-45；YT6-81	
SF39	钢煤斗	t	YT6-44；YT6-45；YT6-82	
SF40	钢箅子	t	YT6-44；YT6-45；YT6-83；YT6-84	
SF41	沟盖板安装	t	YT6-44；YT6-45；YT6-86	
SF42	钢平台、钢走道板	t	YT6-44；YT6-45；YT6-87	
SF43	钢格栅板	t	YT6-44；YT6-45；YT6-88	

项目编码	项目名称	计量单位	参考定额编号	备注
SF44	钢梯	t	YT6-44；YT6-45；YT6-89	
SF45	钢栏杆	t	YT6-44；YT6-45；YT6-90	
SF46	钢轨	t	YT6-44；YT6-45；YT6-91；YT6-92	
SF47	零星钢构件	t	YT6-44；YT6-45；YT6-93	
SF48	沉降观测装置	套	YT6-44；YT6-45；YT6-94；YT6-95	
SF49	剪力钉	个	YT6-44；YT6-45；YT6-96	
SF50	钢钢警卫室	m²	YT6-44；YT6-45；YT6-103	
SF51	墙面板	m²	YT6-97～YT6-100；YT6-105；YT6-106	
SF52	彩钢夹芯板墙板	m²	YT6-107；YT6-108	
SF53	压型钢板屋面板	m²	YT6-101；YT6-102；YT6-109；YT6-110	
SF54	彩钢夹芯板屋面板	m²	YT6-111；YT6-112	

C.7 隔墙与天棚吊顶工程

项目编码	项目名称	计量单位	参考定额编号	备注
SG01	胶合板墙	m²	YT7-1；YT7-2	
SG02	金属隔断	m²	YT7-3；YT7-4	
SG03	全玻璃隔断	m²	YT7-5	
SG04	木隔断	m²	YT7-6；YT7-15～YT7-20	
SG05	钢丝网墙	m²	YT7-7；YT7-8	
SG06	龙骨石膏板隔墙	m²	YT7-9～YT7-14	
SG07	面板安装	m²	YT7-15～YT7-20	
SG08	轻质墙板	m²	YT7-21～YT7-24	
SG09	高密板	m²	YT7-25	
SG10	玻璃板	m²	YT7-26	
SG11	卫生间隔断	m²	YT7-27	
SG12	天棚吊顶龙骨	m²	YT7-28～YT7-32	
SG13	天棚吊顶面层	m²	YT7-33～YT7-42	
SG14	送风口、回风口	个	YT7-46～YT7-49	
SG15	采光屋面	m²	YT7-43～YT4-45	

C.8 门窗与木作工程

项目编码	项目名称	计量单位	参考定额编号	备注
SH01	木门	m²	YT8-1～YT8-8	

项目编码	项目名称	计量单位	参考定额编号	备注
SH02	木窗	m²	YT8-9～YT8-15	
SH03	金属门	m²	YT8-16～YT8-22； YT8-29～YT8-35； YT8-43～YT8-45	
SH04	固定玻璃安装	m²	YT8-36	
SH05	金属窗	m²	YT8-23～YT8-26； YT8-37～YT8-42； YT8-46～YT8-48	
SH06	窗防护格栅	m²	YT8-27；YT8-28	
SH07	卷帘门	m²	YT8-49～YT8-52	
SH08	电动装置	套	YT8-53	
SH09	不锈钢窗	m²	YT8-54；YT8-55	
SH10	不锈钢门	m²	YT8-56～YT8-58	
SH11	电子感应门	m²	YT8-59	
SH12	电子感应装置	套	YT8-60	
SH13	玻璃幕墙	m²	YT8-61～YT8-63	
SH14	暖气罩制作与安装	m²	YT8-73	
SH15	窗帘盒安装	m	YT8-74；YT8-75	
SH16	木线条制作与安装	m²	YT8-76	
SH17	护角线条	m	YT8-77	
SH18	门窗套制作与安装	m²	YT8-78	
SH19	硬木扶手	m	YT8-64～YT8-66	
SH20	栏板或栏杆	m	YT8-67～YT8-72	

C.9 地面与楼地面工程

项目编码	项目名称	计量单位	参考定额编号	备注
SJ01	垫层	m³	YT9-1～YT9-11	
SJ02	油池铺填卵石	m³	YT9-12	
SJ03	防水砂浆	m²	YT9-13；YT9-14	
SJ04	卷材防水	m²	YT9-15～YT9-20	
SJ05	涂膜防水	m²	YT9-21～YT9-32	
SJ06	填缝	m	YT9-33～YT9-42	
SJ07	盖缝	m	YT9-43～YT9-50	
SJ08	水泥砂浆楼地面	m²	YT9-51～YT9-53； YT9-56～YT9-60	
SJ09	细石混凝土楼地面	m²	YT9-54；YT9-55	
SJ10	水泥自流平楼地面	m²	YT9-61	
SJ11	环氧树脂自流平地坪	m²	YT9-72	
SJ12	环氧砂浆楼地面	m²	YT9-73；YT9-74	
SJ13	现浇水磨石楼地面	m²	YT9-62～YT9-64	

续表

项目编码	项目名称	计量单位	参考定额编号	备注
SJ14	混凝土楼地面	m²	YT9-67；YT9-68	
SJ15	块料楼地面	m²	YT9-75；YT9-77～YT9-79；YT9-81	
SJ16	橡胶地板	m²	YT9-83；YT9-84	
SJ17	塑胶地板	m²	YT9-85；YT9-86	
SJ18	铺地毯	m²	YT9-87	
SJ19	地板	m²	YT9-88；YT9-89	
SJ20	复合地板	m²	YT9-90；YT9-91	
SJ21	防静电活动地板	m²	YT9-92	
SJ22	水泥砂浆踢脚线	m	YT9-93	
SJ23	块料踢脚线	m	YT9-94；YT9-95	
SJ24	塑料踢脚板	m	YT9-96	
SJ25	木踢脚板	m	YT9-97	
SJ26	金属踢脚板	m	YT9-98	
SJ27	防静电踢脚线	m	YT9-99	
SJ28	水泥砂浆楼梯面层	m²	YT9-57；YT9-65；YT9-66	
SJ29	现浇水磨石楼梯面层	m²	YT9-64～YT9-66	
SJ30	块料楼梯面层	m²	YT9-65；YT9-66；YT9-76；YT9-80；YT9-82	
SJ31	水泥砂浆台阶面层	m²	YT9-58；YT9-65；YT9-66	
SJ32	现浇水磨石台阶面层	m²	YT9-64～YT9-66	
SJ33	块料台阶面层	m²	YT9-65；YT9-66；YT9-76；YT9-80；YT9-82	
SJ34	水泥砂浆防滑坡道面层	m²	YT9-59	
SJ35	混凝土坡道面层	m²	YT9-70；YT9-71	
SJ36	混凝土散水面层	m²	YT9-69；YT9-71	

C.10 屋面与防水工程

项目编码	项目名称	计量单位	参考定额编号	备注
SK01	瓦屋面	m²	YT10-1～YT10-5	
SK02	卷材屋面	m²	YT10-6～YT10-13	
SK03	水泥基渗透结晶型防水涂料	m²	YT10-14；YT10-15	
SK04	刚性屋面	m²	YT10-16；YT10-17	
SK05	铁皮排水	m²	YT10-20	
SK06	雨水管	m	YT10-19；YT10-20；YT10-29；YT10-34	

项目编码	项目名称	计量单位	参考定额编号	备注
SK07	雨水口或雨水斗	个	YT10-21～YT10-24；YT10-30；YT10-31；YT10-35；YT10-36	
SK08	弯头	个	YT10-25；YT10-26；YT10-32；YT10-37	
SK09	虹吸装置	套	YT10-27；YT10-28；YT10-33；YT10-38	
SK10	种植屋面排水	m²	YT10-39；YT10-40	

C.11 保温、绝热、防腐、耐磨、屏蔽、隔声、除尘工程

项目编码	项目名称	计量单位	参考定额编号	备注
SL01	保温隔热屋面	m³	YT11-1～YT11-7	
SL02	预制板架空隔热	m²	YT11-8	
SL03	保温层排气管安装	m²	YT11-9	
SL04	贴挂绝热材料	m³	YT11-10～YT11-12	
SL05	网或布铺贴	m²	YT11-13～YT11-16	
SL06	水玻璃耐酸	m²	YT11-17～YT11-20	
SL07	耐酸沥青	m²	YT11-21～YT11-24	
SL08	环氧玻璃钢	m²	YT11-25～YT11-28	
SL09	沥青砂浆	m²	YT11-29～YT11-31	
SL10	混凝土面防水、防腐	m²	YT11-32～YT11-35	
SL11	块料面层	m²	YT11-36～YT11-43	
SL12	铸石板	m²	YT11-48；YT11-49	
SL13	煤斗内衬	1. m² 2. t	YT11-50～YT11-52	
SL14	耐磨砂浆	m²	YT11-53～YT11-56	
SL15	屏蔽网	m²	YT11-57；YT11-58	注意和防开裂网区别
SL16	隔声屏障或隔声板安装	m²	YT11-44；YT11-45	
SL17	挡风抑尘板安装	m²	YT11-46	

C.12 装饰工程

项目编码	项目名称	计量单位	参考定额编号	备注
SM01	贴挂防开裂网	m²	YT12-1～YT12-3	
SM02	墙面抹灰	m²	YT12-5～YT12-9；YT12-12；YT12-13；YT12-15；YT12-16；YT12-19；YT12-20；YT12-22；YT12-23	
SM03	刷素水泥浆 一道	m²	YT12-25	
SM04	柱、梁面抹灰	m²	YT12-7；YT12-14；YT12-21	
SM05	天棚抹灰	m²	YT12-4；YT12-11；YT12-18	

项目编码	项目名称	计量单位	参考定额编号	备注
SM06	零星抹灰	m²	YT12-10；YT12-17；YT12-24	
SM07	外墙涂料	m²	YT12-26；YT12-28；YT12-30～YT12-32	
SM08	内墙、天棚涂料	m²	YT12-27；YT12-29；YT12-33	
SM09	抹灰面刷白水泥	m²	YT12-34	
SM10	批腻子	m²	YT12-35；YT12-36	
SM11	块料墙面	m²	YT12-37；YT12-40；YT12-43；YT12-46；YT12-48；YT12-51；YT12-54；YT12-57；YT12-59	
SM12	块料柱、梁面	m²	YT12-38；YT12-41；YT12-44；YT12-49；YT12-52；YT12-55	
SM13	块料零星项目	m²	YT12-39；YT12-42；YT12-45；YT12-47；YT12-50；YT12-53；YT12-56；YT12-58	
SM14	干挂用钢骨架	t	YT6-24；YT6-44；YT6-45；YT6-59；YT6-81；YT12-86	
SM15	装饰台面	m²	YT12-60～YT12-62	
SM16	石材、瓷砖开槽	m	YT12-63～YT12-65	
SM17	石材、瓷砖开孔	个	YT12-66～YT12-68	
SM18	木门窗油漆	m²	YT12-69；YT12-70；YT12-76；YT12-77	
SM19	木扶手油漆	m	YT12-71；YT12-78	
SM20	门、窗套油漆	m²	YT12-72；YT12-79	
SM21	木线条油漆	m²	YT12-73；YT12-80；YT12-83	
SM22	其他材料油漆	m²	YT12-74；YT12-82；YT12-85	
SM23	木地板油漆	m²	YT12-75；YT12-81；YT12-84	
SM24	金属面油漆	t	YT12-86～YT12-101	
SM25	金属面除锈	t	YT12-102～YT12-104	
SM26	钢结构喷锌	t	YT12-105	
SM27	钢结构镀锌	t	YT12-106	
SM28	抹灰面油漆	m²	YT12-107～YT12-111	
SM29	钢门、钢窗油漆	m²	YT12-112～YT12-119	
SM30	贴壁纸	m²	YT12-120～YT12-122	
SM31	界面处理	m²	YT12-123；YT12-124	
SM32	混凝土面凿毛	m²	YT12-125	

C.13 构筑物工程

项目编码	项目名称	计量单位	参考定额编号	备注
SN01	混凝土基础	m³	YT13-1～YT13-3	
SN02	混凝土筒身	m³	YT13-4～YT13-9	
SN03	筒首外侧刷色环	m²	YT13-10	
SN04	外侧刷素水泥浆	m²	YT13-11	
SN05	平台支架基础	m³	YT13-12	
SN06	平台支架	m³	YT13-13	
SN07	灰斗平台	m³	YT13-14	
SN08	各层平台板	m³	YT13-15	
SN09	筒身内外地坪	m³	YT13-16	
SN10	滴水板安装	m³	YT13-17	
SN11	预制混凝土环梁制作安装	m³	YT13-18	
SN12	酸液池	m³	YT13-19	
SN13	排酸管	m	YT13-20	
SN14	烟囱内衬	m³	YT13-21～YT13-24	
SN15	耐酸浇筑料	m³	YT2-25	
SN16	内涂隔热层耐酸漆	m²	YT2-26	
SN17	内抹隔热层耐酸砂浆	m²	YT2-27	
SN18	钢内筒制作、安装	t	YT13-28～YT13-31	
SN19	复合钛钢板制作、安装	t	YT13-32～YT13-35	
SN20	筒首不锈钢板制作、安装	t	YT13-36	
SN21	钢内筒防腐	t	YT13-37；YT13-38	
SN22	贴泡沫玻化砖	m²	YT13-39	
SN23	钢内筒贴玻璃磷片	m²	YT13-40	
SN24	钢内筒玻璃棉毡隔热	m³	YT13-41	
SN25	耐酸砖内筒	m³	YT13-42	
SN26	玻璃钢内筒	m²	YT13-43	
SN27	烟囱钢结构制作、安装	t	YT13-44～YT13-46	
SN28	烟道本体	m³	YT13-47～YT13-49	
SN29	珍珠岩填隔	m³	YT13-49	
SN30	烟道内衬	m³	YT13-51～YT13-53	
SN31	耐酸浇筑料	m³	YT13-54	
SN32	防腐漆	m²	YT13-55	
SN33	耐酸砂浆	m²	YT13-56	
SN34	基础	m³	YT13-57；YT13-58	
SN35	人字柱、X型柱支墩	m³	YT13-59	
SN36	淋水构件基础	m³	YT13-60；YT13-61	
SN37	水池	m³	YT13-62；YT13-63	
SN38	管道支墩	m³	YT13-64	

项目编码	项目名称	计量单位	参考定额编号	备注
SN39	进出水口	m³	YT13-65	
SN40	进水沟	m³	YT13-66	
SN41	塔外地坪	m³	YT13-67	
SN42	筒壁、环梁	m³	YT13-68～YT13-72	
SN43	刷水泥浆	m²	YT13-73	
SN44	人字柱或 X 形柱	m³	YT13-74～YT13-77	
SN45	浇制竖井或水槽	m³	YT13-78；YT13-79	
SN46	预制淋水构架	m³	YT13-80；YT13-81	
SN47	预制构件	m³	YT13-82～YT13-84	
SN48	铸铁托架安装	t	YT13-85	
SN49	玻璃钢托架安装	m²	YT13-86	
SN50	塑料填料安装	m²	YT13-87	
SN51	喷溅装置安装	套	YT13-88	
SN52	除水器安装	m²	YT13-89	
SN53	配水管安装	m	YT13-90	
SN54	塔内进水钢管制作、安装	t	YT13-91	
SN55	水泥网格板填料制作、安装	m²	YT13-92	
SN56	挡风板钢架制作、安装	t	YT13-93；YT13-94	
SN57	挡风板制作、安装	m²	YT13-95；YT13-96	
SN58	旁路管道安装	t	YT13-97	
SN59	刷防腐	m²	YT13-98；YT13-99	
SN60	冷却塔钢结构制作、安装	t	YT13-100～YT13-102	
SN61	混凝土管道安装	m	YT13-103～YT13-154	
SN62	混凝土管道防腐	m²	YT13-155；YT13-156	
SN63	HDPE 管道安装	m	YT13-157～YT13-164	
SN64	底木方搭拆	m³	YT13-165	
SN65	砂垫层	m³	YT13-166	
SN66	铺设承垫木	每 m 刃脚	YT13-167	
SN67	抽承垫木回填砂石	每 m 刃脚	YT13-168	
SN68	沉井制作	m³	YT13-169；YT13-170	
SN69	铁刃脚安装	t	YT13-171	
SN70	沉井下沉	m³	YT13-172～YT13-174	
SN71	水力机械冲泥	m³	YT13-175	
SN72	沉井封底	m³	YT13-176～YT13-180	
SN73	输煤地道	m³	YT13-181～YT13-183	
SN74	翻车机室、卸煤沟	m³	YT13-184～YT13-196	
SN75	圆形筒仓	m³	YT13-197～YT13-203	
SN76	圆形煤场	m³	YT13-205～YT13-209	

続表

项目编码	项目名称	计量单位	参考定额编号	备注
SN77	钢网架安装	t	YT13-210	
SN78	网架板安装	m²	YT13-211	
SN79	室外混凝土沟道、池井	m³	YT13-212～YT13-220	
SN80	离心构（支）架安装	m³	YT13-221～YT13-225	
SN81	金属构（支）架安装	t	YT13-226～YT13-240	
SN82	钢梁、附件安装	t	YT13-241～YT13-250	
SN83	避雷针塔制作与安装	t	YT13-251～YT13-253	
SN84	道路与场地地坪	m³	YT13-254～YT13-261；YT13-263～YT13-273	
SN85	土工格栅	m²	YT13-262	
SN86	路缘石	m	YT13-274；YT13-275	
SN87	伸缩缝	m	YT13-276	
SN88	混凝土路面锯纹	m²	YT13-277	
SN89	混凝土路面切缝	m	YT13-278	
SN90	围墙或围墙大门	m²	YT13-279～YT13-286	
SN91	电动门电动装置安装	套	YT13-287	
SN92	汽车限行栏杆安装	套	YT13-288	

C.14 灰场工程

项目编码	项目名称	计量单位	参考定额编号	备注
SP01	清表层土、原土夯实	m²	YT14-1；YT14-3	
SP02	清淤泥流砂	m³	YT14-2	
SP03	土石方开挖	m³	YT14-4～YT14-8	
SP04	碾压坝	m³	YT14-9～YT14-12	
SP05	堆砌坝	m³	YT14-13～YT14-17	
SP06	护脚、护面	m³	YT14-18～YT14-27	
SP07	植草皮、泥结石	m²	YT14-28；YT14-29	
SP08	排水、排渗、防水	m³	YT14-30～YT14-43；YT14-46～YT14-48	
SP09	土工布铺设或土工膜铺设	m²	YT14-44；YT14-45	
SP10	观测管	m	YT14-49	
SP11	观测标	m³	YT14-50	
SP12	土料翻晒	m³	YT14-51	
SP13	土料加水	m³	YT14-52	

C.15 措施项目

项目编码	项目名称	计量单位	参考定额编号	备注
SQ01	轻型井点降水系统安拆	根	YT15-3；YT15-4	
SQ02	井点降水系统安拆	根	YT15-6；YT15-7；YT15-12；YT15-13；YT15-15；YT15-16	

项目编码	项目名称	计量单位	参考定额编号	备注
SQ03	基坑明排水降水系统运行	套·天	YT15-1；YT15-2	
SQ04	轻型井点降水系统运行	套·天	YT15-5	
SQ05	井点降水系统运行	套·天	YT15-8；YT15-14；YT15-17	
SQ06	打拔钢板桩	t	YT15-18～YT15-25	
SQ07	打拔钢管桩	t	YT15-26～YT15-33	
SQ08	水泥搅拌桩	m	YT2-40～YT2-43	
SQ09	围堰	m³	YT15-34；YT15-35	
SQ10	综合脚手架	m³	YT15-36～YT15-42	
SQ11	单项脚手架	m²	YT15-43～YT15-47	
SQ12	挑脚手架	m	YT15-48	
SQ13	悬空脚手架	m²	YT15-49	
SQ14	满堂脚手架	m²	YT15-50；YT15-51	
SQ15	安装工程脚手架搭拆	元		建筑工程预算定额下册总说明"十二、有关费用的规定"
SQ16	垂直运输	m³	YT15-54～YT15-67	
SQ17	混凝土构筑物垂直运输	m³	YT15-68～YT15-72	
SQ18	单体建筑垂直运输	m²	YT15-73；YT15-74	
SQ19	高度大于3.6m	m³	YT15-75；YT15-76	
SQ20	建筑工程超高施工增加费	%		建筑工程预算定额上册第15章中表15-1
SQ21	安装工程超高施工增加费	%		建筑工程预算定额下册总说明"十二、有关费用的规定"，表0-1

C.16 给水与排水工程

项目编码	项目名称	计量单位	参考定额编号	备注
SR01	给水管道	m	YT16-1～YT16-57；YT16-79～YT16-169；YT16-213～YT16-217	
SR02	排水管道	m	YT16-58～YT16-78	
SR03	管道支架	kg	YT16-173	
SR04	套管	个	YT16-170～YT16-172	
SR05	穿墙套管制作安装	m	YT16-317～YT16-342	
SR06	法兰	副	YT16-174～T16-186	
SR07	伸缩器	个	YT16-187～T16-212	
SR08	阀门	个	YT16-218～YT16-245	
SR09	手动放风阀、自动放风阀	个	YT16-246～YT16-249	
SR10	水位控制阀	个	YT16-250～YT16-254	
SR11	水表	个	YT16-255～YT16-263	
SR12	温度计、压力表	支	YT16-264；YT16-265	
SR13	卫生洁具安装	组	YT16-266～YT16-273；YT16-278～YT16-289	
SR14	淋浴器安装	组	YT16-274～YT16-277	

项目编码	项目名称	计量单位	参考定额编号	备注
SR15	水龙头安装	个	YT16-290～YT16-295	
SR16	地漏、扫除口	个	YT16-296～YT16-311	
SR17	热水器安装	台	YT16-285～YT16-287	
SR18	烘手机安装	台	YT16-315	
SR19	饮水机安装	台	YT16-316	

注 220V 及以下低压用电设备安装工程包含在建筑清单中，设备单价不含在全费用综合单价中，应在"清单表–5 投标人采购材料及设备表"单列。

C.17 照明与防雷接地工程

项目编码	项目名称	计量单位	参考定额编号	备注
SS01	配管	m	YT17-1～YT17-41	
SS02	金属软管	m	YT17-42～YT17-47	
SS03	线槽敷设	m	YT17-48～YT17-51	
SS04	刨沟	m	YT17-52～YT17-57	
SS05	配线	m	YT17-58～YT17-67	
SS06	开关盒、接线盒	个	YT17-68～YT17-71	
SS07	照明电缆	m	YT17-72～YT17-90	
SS08	成套灯具	套	YT17-91～YT17-113	
SS09	烟囱、水塔、独立塔架标志灯	套	YT17-114～YT17-120	
SS10	密闭灯	套	YT17-121～YT17-124	
SS11	标志、诱导灯	套	YT17-125～YT17-128	
SS12	地道、隧道灯	套	YT17-129～YT17-132	
SS13	小电器	套	YT17-133～YT17-155；YT17-159；YT17-160	应详细描述小电器名称
SS14	风扇安装	套	YT17-156～YT17-158	
SS15	配电箱、柜	套	YT17-161～YT177-165	
SS16	电梯	部		厂家供货，包括安装费
SS17	接地极制作安装	1. 根 2. 块	YT17-166～YT17-173	
SS18	接地极钻孔施工孔径ϕ150 内岩层	m	YT17-174	
SS19	接地母线敷设	m	YT17-175～YT17-180	
SS20	接地跨接线	处	YT17-181～YT17-184	
SS21	避雷针制作安装	t	YT17-185～YT17-202	
SS22	避雷针引下线敷设	m	YT17-203～YT17-205	
SS23	避雷带、网安装	m	YT17-206～YT17-210	
SS24	屏蔽接地	m²	YT17-211；YT17-212	
SS25	阀厅气密性试验	m³	YT17-213	
SS26	照明供电系统调试	系统	YT17-214	

注 220V 及以下照明、插座、开关、低压用电设备及防雷接地安装工程包含在建筑清单中，设备单价不含在全费用综合单价中，应在"清单表–5 投标人采购材料及设备表"单列。

C.18 消防工程

项目编码	项目名称	计量单位	参考定额编号	备注
ST01	水喷淋头安装	个	YT18-1；YT18-2	
ST02	湿式报警装置安装	组	YT18-3～YT18-7	
ST03	温感式水幕装置安装	组	YT18-8～YT18-12	
ST04	水流指示器	个	YT18-13～YT18-21	
ST05	减压孔板安装	个	YT18-22～YT18-26	
ST06	末端试水装置	组	YT18-27；YT18-28	
ST07	集热板制作、安装	个	YT18-29	
ST08	室外消火栓安装	套	YT18-30～YT18-43	
ST09	室内消火栓安装	套	YT18-44；YT18-45	
ST10	消防水泵接合器安装	套	YT18-46～YT18-51	
ST11	隔膜式气压水罐安装	台	YT18-52～YT18-55	
ST12	管道支吊架制作安装	kg	YT18-56	
ST13	自动喷水灭火系统管网水冲洗	m	YT18-57～YT18-62	
ST14	无缝钢管安装	m	YT18-63～YT18-72	
ST15	气体驱动装置管道安装	m	YT18-73；YT18-74	
ST16	管件安装	件	YT18-75～YT18-83	
ST17	喷头安装	个	YT18-84～YT18-88	
ST18	选择阀安装	个	YT18-89～YT18-95	
ST19	贮存装置安装	套	YT18-96～YT18-101	
ST20	二氧化碳称重检漏装置	套	YT18-102	
ST21	系统组件试验	个	YT18-103；YT18-104	
ST22	气体灭火系统装置调试	个	YT18-105～YT18-110	
ST23	泡沫发生器安装	台	YT18-111～YT18-115	
ST24	比例混合器安装	台	YT18-116～YT18-126	
ST25	点型探测器安装	1. 只 2. 对	YT18-127～YT18-136	
ST26	线型探测器安装	m	YT18-137	
ST27	模块（接口）安装	只	YT18-138～YT18-140	
ST28	报警控制器安装	台	YT18-141～YT18-146	
ST29	联动控制器安装	台	YT18-147～YT18-152	
ST30	报警联动一体机安装	台	YT18-153～YT18-156	
ST31	重复显示器安装	台	YT18-157；YT18-158	
ST32	报警装置安装	台	YT18-159～YT18-161	
ST33	远程控制器安装	台	YT18-162；YT18-163	
ST34	火灾事故广播安装	1. 台 2. 只	YT18-164～YT18-170	
ST35	消防通信、报警备用电源安装	1. 台 2. 部 3. 个	YT18-171～YT18-176	

项目编码	项目名称	计量单位	参考定额编号	备注
ST36	钢管敷设	m	YT18-177~YT18-182	
ST37	电力线缆敷设	m	YT18-183~YT18-195	
ST38	控制线缆敷设	m	YT18-196~YT18-198	
ST39	通信线缆敷设	m	YT18-199~YT18-201	
ST40	消防线缆桥架安装	m	YT18-202~YT18-204	
ST41	支架、吊架、托架安装	kg	YT18-205	

注 220V及以下低压用电设备安装工程包含在建筑清单中,设备单价不含在全费用综合单价中,应在"清单表-5 投标人采购材料及设备表"单列。

C.19 通风与空调、除尘工程

项目编码	项目名称	计量单位	参考定额编号	备注
SU01	通风管制作安装	m²	YT19-1~YT19-24	
SU02	柔性软风管安装	m	YT19-25~YT19-34	
SU03	通风管道制作安装	1. m² 2. kg 3. 个	YT19-40~YT19-43	
SU04	不锈钢板通风管	m²	YT19-219~YT19-223	
SU05	玻璃钢通风管道	m²	YT19-228~YT19-243	
SU06	复合型风管	m²	YT19-250~YT19-258	
SU07	柔性软风管阀门安装	个	YT19-35~YT19-39	
SU08	调节阀制作	kg	YT19-44~YT19-65	
SU09	调节阀安装	1. 个 2. kg	YT19-66~YT19-91	
SU10	风口制作	1. kg 2. 个	YT19-92~YT19-132	
SU11	风口安装	个	YT19-133~YT19-170	
SU12	风帽制作安装	kg	YT19-171~YT19-182	
SU13	风帽泛水	m²	YT19-183	
SU14	不锈钢板通风管部件	kg	YT19-224~YT19-227	
SU15	玻璃钢板通风管部件	kg	YT19-244~YT19-249	
SU16	设备支架制作安装	kg	YT19-184;YT19-185	
SU17	空气加热器（冷却器）安装	台	YT19-186~YT19-188	
SU18	通风机安装	台	YT19-189~YT19-202	
SU19	空调器安装	台	YT19-203~YT19-215	
SU20	风机盘管	台	YT19-216;YT19-217	
SU21	分段组装式空调器安装	kg	YT19-218	
SU22	除尘设备安装	台	YT19-259~YT19-263	

注 220V及以下低压用电设备安装工程包含在建筑清单中,设备单价不含在全费用综合单价中,应在"清单表-5 投标人采购材料及设备表"单列。

C.20 采暖工程

项目编码	项目名称	计量单位	参考定额编号	备注
SV01	低压器具安装	组	YT20-1～YT20-26	
SV02	注水器安装	组	YT20-27～YT20-30	
SV03	铸铁散热器安装	片	YT20-31～YT20-34	
SV04	光排管散热器制作、安装	m	YT20-35～YT20-50	
SV05	钢制散热器安装	片	YT20-51～YT20-53	
SV06	板式散热器安装	组	YT20-54～YT20-57	
SV07	装饰型、复合散热器安装	组	YT20-58～YT20-60	
SV08	暖风机安装	台	YT20-61～YT20-66	
SV09	热空气幕安装	台	YT20-67～YT20-69	
SV10	水箱制作	kg	YT20-70；YT20-71	
SV11	水箱安装	个	YT20-72～YT20-74	
SV12	蒸汽分气缸制作、安装	kg	YT20-75～YT20-78	
SV13	集气罐制作、安装	个	YT20-79～YT20-82	

注 220V 及以下低压用电设备安装工程包含在建筑清单中，设备单价不含在全费用综合单价中，应在"清单表–5 投标人采购材料及设备表"单列。

C.21 防腐与绝热工程

项目编码	项目名称	计量单位	参考定额编号	备注
SW01	除锈	m^2	YT21-1～YT21-3	
SW02	管道刷油	m^2	YT21-4～YT21-22	
SW03	金属结构刷油漆	kg	YT21-23～YT21-37	
SW04	铸铁管、暖气管	m^2	YT21-38～YT21-45	
SW05	管道绝热	m^3	YT21-46～YT21-51；YT21-56～YT21-58	
SW06	管道防潮层、保护层	m^2	YT21-59～YT21-62	

C.22 临时工程

项目编码	项目名称	计量单位	参考定额编号	备注
SZ01	施工电源	km		无对应定额
SZ02	施工水源	km		无对应定额
SZ03	施工通信线路	km		无对应定额
SZ04	施工道路	m^3	YT13-254～YT13-278	

二、机务工程

D.1.1 锅炉本体设备

项目编码	项目名称	计量单位	参考定额编号	备注
SA01	锅炉钢架	t	YJ1-1～YJ1-6	
SA02	汽包	台	YJ1-7～YJ1-11	
SA03	启动分离器	台	YJ1-12～YJ1-14	

项目编码	项目名称	计量单位	参考定额编号	备注
SA04	水冷系统	t	YJ1-15～YJ1-20	
SA05	过热系统	t	YJ1-21～YJ1-26	
SA06	再热系统	t	YJ1-27～YJ1-33	
SA07	省煤器系统	t	YJ1-34～YJ1-39	
SA08	空气预热器	1. 台 2. t	YJ1-40～YJ1-47	
SA09	本体管路系统	t	YJ1-48～YJ1-53	
SA10	吹灰器	套	YJ1-54～YJ1-56	
SA11	锅炉本体金属结构	t	YJ1-57～YJ1-60	
SA12	旋风分离器	t	YJ1-61	
SA13	锅炉本体平台扶梯	t	YJ1-62～YJ1-65	
SA14	燃烧装置	台	YJ1-66～YJ1-72	
SA15	除渣装置	t	YJ1-73～YJ1-78	
SA16	水压试验	台	YJ1-79～YJ1-86	
SA17	风压试验	台	YJ1-87～YJ1-92	
SA18	锅炉酸洗	台	YJ1-93～YJ1-106	
SA19	蒸汽严密性试验及安全门调整	台	YJ1-107～YJ1-112	
SA20	锅炉钢架油漆	t	YJ1-113～YJ1-115	

注 1. 在包含锅炉型号、容量等的项目特征中，如遇到特殊炉型的情况应在项目特征中加以说明。
2. 锅炉钢架安装未包括露天锅炉的特殊防护措施。
3. 计算锅炉质量时，不包括包装材料、运输加固件、炉墙、保温材料。
4. 锅炉水冷系统包括敷管式或膜式水冷壁组件及联箱、降水母管及支管、汽水引出管、管系支吊架、联箱支座或吊杆、水冷壁固定装置、刚性梁及其连接件、防磨装置、炉水循环泵及其系统、外置式分离系统等。
5. 锅炉过热系统包括蛇形管排及组件（包括循环流化床锅炉外置式换热器低温过热器管排）、顶棚管、包墙管、联箱、减温器、蒸汽联络管、联箱支座或吊杆、管排定位或支吊铁件、刚性梁及其连接件等。
6. 锅炉再热系统包括蛇形管排及组件（包括循环流化床锅炉外置式换热器高温再热器管排）、管段、联箱、减温器及事故喷水装置、汽-汽加热系统、蒸汽联络管、联箱支座或吊杆、管排定位或支吊铁件、管系支吊装置等。
7. 锅炉省煤器系统包括蛇形管排及组件、包墙及悬吊管、联箱、联络管、联箱支座或吊杆、管排支吊铁件、防磨装置、管系支吊架等。
8. 回转式空气预热器安装计量单位为台，管式空气预热器安装计量单位为 t。
9. 锅炉本体管路系统未包括重油及轻油点火管路、阀门，排汽消声器，制造厂供货的给水操作台阀门及管件，制造厂供货的主蒸汽及再热蒸汽连接管段不包括锅炉之间以及锅炉与厂房之间的联络平台扶梯安装。
10. 锅炉酸洗未包括废液中和池后的排放系统工程施工。

D.1.2 锅炉附属设备

项目编码	项目名称	计量单位	参考定额编号	备注
SB01	钢球磨煤机	台	YJ2-1～YJ2-12	
SB02	中速磨煤机	台	YJ2-13～YJ2-18	
SB03	高速风扇磨煤机	台	YJ2-19～YJ2-25	
SB04	给煤机	台	YJ2-26～YJ2-39	
SB05	煤斗疏松机	台	YJ2-40	
SB06	给粉机	台	YJ2-41～YJ2-50	

项目编码	项目名称	计量单位	参考定额编号	备注
SB07	引风机	台	YJ2-51～YJ2-56；YJ2-63～YJ2-70；YJ2-79；YJ2-80；YJ2-96；YJ2-97	
SB08	送风机	台	YJ2-57～YJ2-59；YJ2-71～YJ2-78	
SB09	一次风机	台	YJ2-60～YJ2-62；YJ2-81～YJ2-83	
SB10	其他风机	台	YJ2-84～YJ2-95	
SB11	煤粉取样器	台	YJ2-112	

注 1. 引风机型式包括轴流式、离心式、双吸双速式等；送风机及一次风机型式包括轴流式、离心式。

2. 未包括电动机冷却风筒的制作、安装。

3. 未包括冷却水管路安装。

4. 未包括设备本体表面油漆。

D.1.3 烟风煤管道及锅炉辅助设备

项目编码	项目名称	计量单位	参考定额编号	备注
SC01	烟道	t	YJ3-1；YJ3-2	
SC02	高温炉烟道	t	YJ3-4	
SC03	风道	t	YJ3-1；YJ3-2	
SC04	制粉管道	t	YJ3-3	
SC05	送粉管道	t	YJ3-5～YJ3-11	
SC06	原煤管道	t	YJ3-12～YJ3-17	
SC07	测粉装置安装	台	YJ3-18；YJ3-19	
SC08	煤粉分离器	台	YJ3-19～YJ3-32	
SC09	静电除尘器	t	YJ3-33～YJ3-36	
SC10	电袋除尘器	t	YJ3-38	
SC11	布袋除尘器	t	YJ3-39	
SC12	湿式除尘器	t	YJ3-40；YJ-41	
SC13	低温省煤器	t	YJ2-113	
SC14	定期排污扩容器	台	YJ3-42～YJ3-45	
SC15	连续排污扩容器	台	YJ3-46～YJ3-50	
SC16	疏水扩容器	台	YJ3-51～YJ3-57	
SC17	汽水分离器	台	YJ3-58～YJ3-60	
SC18	排气消音器	台	YJ3-61～YJ3-65	
SC19	送风机入口消音器	台	YJ3-66～YJ3-70	
SC20	设备平台、扶梯、栏杆、支架及防雨罩	1. t 2. t/组	YJ3-76～YJ3-78	
SC21	暖风器	组	YJ3-73～YJ3-75	
SC22	玻璃钢平台扶梯	m²	YJ3-79	
SC23	启动锅炉本体及附属设备	套	YJ3-80～YJ3-82	
SC24	启动锅炉燃煤系统设备	台		实施时会发生安装费用，无对应定额

项目编码	项目名称	计量单位	参考定额编号	备注
SC25	启动锅炉燃油系统设备	台		实施时会发生安装费用，无对应定额
SC26	启动锅炉燃气系统设备	台		实施时会发生安装费用，无对应定额
SC27	启动锅炉除灰系统设备	台		实施时会发生安装费用，无对应定额
SC28	启动锅炉水处理系统设备	台		实施时会发生安装费用，无对应定额

注 1. 未包括不随设备供货而与设备连接的各种管道安装。

2. 电除尘器及湿式除尘器安装质量为除电源装置以外的所有部件质量，不含保温材料。

3. 电除尘器安装不包括灰斗下方的导向挡板、落灰管配制。

4. 未包括设备本体表面油漆。

5. 玻璃钢平台安装不包括高度超过1.5m支架的安装。

D.1.4　筑炉保温

项目编码	项目名称	计量单位	参考定额编号	备注
SD01	敷管式及膜式水冷壁炉墙砌筑	m^3	YJ4-1～YJ4-7	
SD02	直斜墙及包墙砌筑	m^3	YJ4-8	
SD03	炉顶砌筑	m^3	YJ4-9	
SD04	炉墙抹面	m^2	YJ4-10	
SD05	密封涂料	m^2	YJ4-11	
SD06	框架式炉墙砌筑	m^3	YJ4-12～YJ4-18	
SD07	框架式炉墙砌筑 抹面、密封涂料	m^2	YJ4-19；YJ20	
SD08	炉墙中局部浇灌、敷设、砌筑	m^3	YJ4-21～YJ4-26	
SD09	炉墙填料填塞	m^3	YJ4-27～YJ4-30	
SD10	炉墙、保温工程热态测试	台	YJ4-31～YJ4-34	
SD11	旋风分离器内衬砌筑	m^3		实施时会发生安装费用，无对应定额
SD12	启动锅炉炉墙砌筑	m^3		实施时会发生安装费用，无对应定额
SD13	设备保温	m^3	YJ4-41～YJ4-52	
SD14	管道保温	m^3	YJ4-53～YJ4-60	
SD15	保温空气隔绝层	t		实施时会发生安装费用，无对应定额
SD16	保温层抹面	m^2	YJ4-61～YJ4-65	
SD17	金属保护层	m^2	YJ4-66～YJ4-68	
SD18	金属异形件、支撑件	t	YJ4-69～YJ4-71	
SD19	阀门保温玻璃钢罩壳	个	YJ4-72～YJ4-74	

注 1. 本清单适用于轻型炉墙砌筑和设备、管道的保温工程。

2. 锅炉本体炉墙砌筑、保温的工程范围以锅炉制造厂的设计为准。

3. 外置式换热器的内衬砌筑不适用于本清单。

4. 保温层护壳面积计算不包括搭接量。

D.1.5　输煤、除灰、点火燃油设备

项目编码	项目名称	计量单位	参考定额编号	备注
SE01	翻车机	套	YJ5-1～YJ5-3	
SE02	螺旋卸车机	台	YJ5-4；YJ5-5	

项目编码	项目名称	计量单位	参考定额编号	备注
SE03	链斗卸煤机	台	YJ5-6；YJ5-7	
SE04	叶轮拔煤机	台	YJ5-8～YJ5-10	
SE05	活化式给煤机	台	YJ5-11；YJ5-12	
SE06	斗轮堆取料机	台	YJ5-13～YJ5-20	
SE07	门式滚轮堆取料机	台	YJ5-21～YJ5-23	
SE08	圆形堆取料机	台	YJ5-24	
SE09	环式碎煤机	台	YJ5-25～YJ5-34	
SE10	清篦破碎机	台	YJ5-57	
SE11	细粒碎煤机	台	YJ5-58	
SE12	筛分设备	台	YJ5-35～YJ5-56	
SE13	落煤管	t	YJ5-59	
SE14	曲线落煤管	t	YJ5-60	
SE15	电子皮带秤	台	YJ5-61	
SE16	动态链码校验装置	台	YJ5-62	
SE17	电子轨道衡	台	YJ5-63～YJ5-65	
SE18	汽车衡	台	YJ5-66～YJ5-68	
SE19	带式输送机	台	YJ5-69～YJ5-76	
SE20	配仓层皮带机	台	YJ5-77～YJ5-81	
SE21	皮带机中间构架	节	YJ5-82～YJ5-89	
SE22	皮带机伸缩装置	台	YJ5-90～YJ5-97	
SE23	圆管带式输送机	台	YJ5-98～YJ5-103	
SE24	圆管带式输送机中间构架	节	YJ5-104～YJ5-109	
SE25	机械采样装置及除木器	台	YJ5-110～YJ5-113	
SE26	电动犁式卸料器	台	YJ5-114～YJ5-117	
SE27	电动卸料车	台	YJ5-118～YJ5-121	
SE28	电磁除铁器	台	YJ5-122～YJ5-135	
SE29	空气炮	台	YJ5-136～YJ5-138	
SE30	输煤系统联动	套	YJ5-139～YJ5-145	
SE31	油过滤器	台	YJ5-153；YJ5-154	
SE32	鹤式卸油装置	台	YJ5-155	
SE33	油水分离装置	台	YJ5-156～YJ5-159	
SE34	捞渣机	台	YJ5-160～YJ5-163	
SE35	干式排渣机	台	YJ5-164～YJ5-166	
SE36	钢带输送机	台	YJ5-167	
SE37	斗式提升机	台	YJ5-168～YJ5-172	
SE38	渣仓	t	YJ5-173	
SE39	渣井	台	YJ5-174	
SE40	碎渣机	台	YJ5-175～YJ5-178	

项目编码	项目名称	计量单位	参考定额编号	备注
SE41	水力喷射器	台	YJ5-179～YJ5-181	
SE42	箱式冲灰器	台	YJ5-182～YJ5-185	
SE43	砾石过滤器	台	YJ5-186～YJ5-188	
SE44	空气斜槽	台	YJ5-189；YJ5-190	
SE45	灰渣沟插板门	台	YJ5-191；YJ5-192	
SE46	电动灰斗闸板门	台	YJ5-193～YJ5-195	
SE47	电动三通门	台	YJ5-196～YJ5-198	
SE48	电动锁气器	台	YJ5-199～YJ5-204	
SE49	锥式锁气器	台	YJ5-205～YJ5-208	
SE50	冲灰沟内镶砌铸石板	m	YJ5-209～YJ5-214	
SE51	负压风机	台	YJ5-215～YJ5-219	
SE52	灰斗气化风机	台	YJ5-220～YJ5-222	
SE53	气化板	台	YJ5-223	
SE54	布袋收尘器	台	YJ5-224；YJ5-225	
SE55	袋式排气过滤器	台	YJ5-226	
SE56	电加热器	台	YJ5-227～YJ5-229	
SE57	回转式给料机	台	YJ5-230～YJ5-233	
SE58	加湿搅拌机	台	YJ5-234；YJ5-235	
SE59	干灰散装机	台	YJ5-236；YJ5-237	
SE60	电动给料机	台	YJ5-238；YJ5-239	
SE61	浓缩机	台	YJ5-240～YJ5-242	
SE62	搅拌机	台	YJ5-243～YJ5-245	
SE63	高效浓缩机	台	YJ5-246；YJ5-247	
SE64	浓缩机钢池	台	YJ5-248～YJ5-252	
SE65	脱水仓	t	YJ5-253	
SE66	渣缓冲罐	台	YJ5-254～YJ5-256	
SE67	内衬铸石管	t	YJ5-257～YJ5-263	
SE68	电动耐磨浆液闸阀	只	YJ5-264～YJ5-271	
SE69	排渣阀	只	YJ5-272；YJ5-273	
SE70	排渣止回阀	只	YJ5-274～YJ5-279	
SE71	衬胶止回阀、闸阀	只	YJ5-280～YJ5-282	
SE72	气动耐磨阀	只	YJ5-283～YJ5-285	
SE73	耐磨调节阀	只	YJ5-286～YJ5-288	
SE74	压力真空释放阀	只	YJ5-289	
SE75	压力除灰 E 型阀	只	YJ5-290	
SE76	除灰管道：小型河流跨越	处	YJ5-291～YJ5-295	
SE77	钢套管穿越公路	m	YJ5-296～YJ5-299	
SE78	管线水冲洗、水压试验	m	YJ5-300～YJ5-303	

项目编码	项目名称	计量单位	参考定额编号	备注
SE79	除灰专用泵	台	YJ5-304～YJ5-308	
SE80	柱塞泵	台	YJ5-309；YJ5-310	
SE81	空气压缩机及附件	台	YJ2-98～YJ2-104	
SE82	储气罐	台	YJ2-105～YJ2-107	
SE83	压缩空气输灰罐	台	YJ5-311～YJ5-313	
SE84	循环流化床石灰石输送系统	套	YJ5-314	

注 1. 带式输送机安装不包括属于电气安装的各种信号装置（如胶带跑偏开关、煤流信号、堵煤信号、双向拉绳开关等）的安装。

2. 设备安装未包括电动机的检查、干燥、接线盒空载试转。

3. 未包括设备行走轨道的安装。

4. 电子皮带秤、动态链码校验装置安装不包括电子设备及其他电气装置的安装、调试。

5. 空气炮安装未包括空气炮的压缩空气气源管道安装。

6. 设备安装未包括设备之间非厂供连接管道及冷却水管道的安装。

7. 管道安装未包括管材衬里制作。

D.1.6 汽轮发电机设备

项目编码	项目名称	计量单位	参考定额编号	备注
SF01	汽轮机	台	YJ6-1～YJ6-9	
SF02	SSS 离合器	台	YJ6-10	
SF03	汽轮机抗燃油（EH）系统	台	YJ6-12～YJ6-16	
SF04	发电机本体	台	YJ6-17～YJ6-29	
SF05	汽轮机本体管道	台	YJ6-30～YJ6-61	
SF06	汽轮发电机组启动试运配合	台	YJ6-62～YJ6-70	

注 1. 未包括设备、管道的保温和保温面油漆。

2. 未包括设备表面油漆。

3. 汽轮机安装不包括汽轮机叶片频率测定。

4. 发电机安装不包括发电机及励磁机电气部分的检查、干燥、接线及电气调整试验。

5. 汽轮机本体管道安装包括导气管，汽封、疏水管，本体油管，低压缸喷水管。

D.1.7 汽轮发电机附属机械设备

项目编码	项目名称	计量单位	参考定额编号	备注
SG01	电动给水泵	台	YJ7-1～YJ7-8	
SG02	汽动给水泵	台	YJ7-9～YJ7-18	
SG03	给水泵汽轮机	套		可参考 YJ6-1 子目，并根据出力调整
SG04	汽动给水泵分置式前置泵	台	YJ7-19～YJ7-24	
SG05	循环水泵	台	YJ7-25～YJ7-34	
SG06	凝结水泵	台	YJ7-35～YJ7-41	
SG07	机械真空泵	台	YJ7-42～YJ7-46	
SG08	循环水旋转滤网	台	YJ7-47～YJ7-64	
SG09	清污机	台	YJ7-65～YJ7-67	
SG10	平板滤网、格栅	t	YJ7-68	
SG11	钢闸板	t	YJ7-69	

项目编码	项目名称	计量单位	参考定额编号	备注
SG12	其他水泵	台	YJ7-70～YJ7-104	

注 1. 汽动给水泵安装未包括暖泵管及设计单位设计的油系统管道的安装。
　　2. 未包括冷却风筒的制作、安装。
　　3. 未包括不随设备供货的冷却水管路安装。
　　4. 未包括设备保温及保温面油漆。
　　5. 未包括设备本体表面油漆。
　　6. 深井泵的安装不包括深井泵深井的开挖和井套的安装。

D.1.8 汽轮发电机辅助设备

项目编码	项目名称	计量单位	参考定额编号	备注
SH01	凝汽器	套	YJ8-1～YJ8-22	
SH02	射水抽气器	台		参考相似泵类定额
SH03	除氧器及水箱	台	YJ8-23～YJ8-35	
SH04	高压加热器	台	YJ8-36～YJ8-45	
SH05	低压加热器	台	YJ8-46～YJ8-55	
SH06	轴封加热器	台	YJ8-56～YJ8-62	
SH07	开、闭式冷却水系统热交换器	台	YJ8-63～YJ8-70	
SH08	主油箱	台	YJ8-71～YJ8-77	
SH09	贮油箱	台	YJ8-78～YJ8-81	
SH10	冷油器	台	YJ8-82～YJ8-88	
SH11	油净化装置	台	YJ8-89～YJ8-95	
SH12	发电机密封油装置	台	YJ8-96～YJ8-102	
SH13	发电机冷却水装置	台	YJ8-103～YJ8-109	
SH14	电机氢气系统装置	台	YJ8-110～YJ8-115	
SH15	闭式冷却水稳压水箱	台	YJ8-116～YJ8-118	
SH16	胶球清洗装置	台	YJ8-119～YJ8-133	
SH17	旁路装置	套	YJ8-134～YJ8-140	
SH18	减温减压装置	台	YJ8-141～YJ8-147	
SH19	起重机械	台	YJ8-148～YJ8-205	
SH20	工字钢轨道	m	YJ8-206～YJ8-210	
SH21	电梯	台	YJ8-211～YJ8-214	

注 1. 减温减压装置安装不包括调节设备安装和调试。
　　2. 未包括设备保温及保温面油漆。
　　3. 未包括设备本体表面油漆。
　　4. 未包括随设备供货而与设备连接的各种管道的安装。

D.1.9 管道

项目编码	项目名称	计量单位	参考定额编号	备注
SJ01	螺纹连接钢管	m	YJ9-1～YJ9-11	
SJ02	卷制钢管	m	YJ9-12～YJ9-47	
SJ03	低压碳钢无缝钢管	m	YJ9-48～YJ9-65	
SJ04	中压碳钢无缝钢管	m	YJ9-66～YJ9-99	

项目编码	项目名称	计量单位	参考定额编号	备注
SJ05	高压碳钢无缝钢管	m	YJ9-100~YJ9-169	
SJ06	WB36管道	m	YJ9-170~YJ9-205	
SJ07	低铬合金钢管道	m	YJ9-206~YJ9-296	
SJ08	A335P91（A335P92）管道	m	YJ9-297~YJ9-401	
SJ09	不锈钢管道	m	YJ9-402~YJ9-419	
SJ10	非金属管道	m		实施时会发生安装费用,无对应定额
SJ11	螺纹连接阀门	只	YJ9-420~YJ9-424； YJ9-510~YJ9-515	
SJ12	低压阀门	只	YJ9-425~YJ9-451； YJ9-510~YJ9-515	
SJ13	中压阀门	只	YJ9-452~YJ9-466； YJ9-510~YJ9-515	
SJ14	高压碳钢阀门	只	YJ9-467~YJ9-483； YJ9-510~YJ9-515	
SJ15	合金钢阀门	只	YJ9-484~YJ9-498； YJ9-510~YJ9-515	
SJ16	不锈钢阀门	只	YJ9-499~YJ9-509； YJ9-510~YJ9-515	
SJ17	硬聚氯乙烯阀门	只		实施时会发生安装费用,无对应定额
SJ18	衬里阀门	只		实施时会发生安装费用,无对应定额
SJ19	阀门传动装置	t	YJ9-516	
SJ20	支吊架	t	YJ9-517~YJ9-519	

注 1. 外径45mm以下的中、低压无缝钢管及外径28mm以下的高压碳钢管与合金钢管的安装中均包括了弯头的加工。
2. 卷制钢管、低压无缝钢管安装中,包括了各种膨胀伸缩节的安装及DN500以下钢管的300以下弯头和直插焊接三通的加工。
3. 循环水管道材质为10CrMoAI时,可套用卷制钢管安装。
4. 低温再热管道(冷段)视为高压管道。
5. 化学系统的衬里钢管、复合钢管等按成品供货考虑,管道的安装可执行低压碳钢无缝钢管的相关内容。
6. 管道与阀门的压力(系统设计压力)等级:高压管道、阀门:$P>8MPa$,中压管道、阀门:$8MPa{\geqslant}P>1.6MPa$,低压管道、阀门:$P{\leqslant}1.6MPa$。

D.1.10 油漆、防腐

项目编码	项目名称	计量单位	参考定额编号	备注
SK01	除锈	1. m² 2. kg	YJ10-1~YJ10-17	
SK02	焊缝打磨	t	YJ10-18；YJ10-19	
SK03	金属管道油漆	m²	YJ10-20~YJ10-29	
SK04	金属结构油漆	t	YJ10-30~YJ10-41	
SK05	设备及箱罐金属表面油漆	m²	YJ10-42~YJ10-59	
SK06	刷色环、介质流向箭头	台	YJ10-60~YJ10-66	
SK07	管道防腐	m²	YJ10-67~YJ10-81	
SK08	设备防腐内衬	m²	YJ10-82~YJ10-97	
SK09	聚氨酯防腐	m²	YJ10-82~YJ10-97	
SK09	牺牲阳极防腐	个	YJ10-102	

注 管道、冷风道等未经过任何处理的金属表面的除锈,考虑为人工除锈;金属结构及设备一般考虑为局部的人工除锈。

D.1.11 化学专用设备

项目编码	项目名称	计量单位	参考定额编号	备注
SL01	钢筋混凝土池内设备	台	YJ11-1～YJ11-14	
SL02	澄清设备	台	YJ11-15～YJ11-32	
SL03	机械过滤器	台	YJ11-33～YJ11-44	
SL04	软化器	台	YJ11-45～YJ11-54	
SL05	阴阳离子交换器	台	YJ11-55～YJ11-64	
SL06	体外再生罐	台	YJ11-65～YJ11-71	
SL07	树脂储罐	台	YJ11-72～YJ11-79	
SL08	树脂清洗罐	台	YJ11-80～YJ11-87	
SL09	电渗析器	台	YJ11-88；YJ11-89	
SL10	覆盖过滤器	台	YJ11-90；YJ11-91	
SL11	电磁除铁过滤器	台	YJ11-92；YJ11-93	
SL12	前置过滤器	台	YJ11-94；YJ11-95	
SL13	反渗透装置	台	YJ11-96～YJ11-110	
SL14	电除盐装置	台	YJ11-111～YJ11-113	
SL15	除二氧化碳器	台	YJ11-114～YJ11-124	
SL16	酸碱贮存罐	台	YJ11-125～YJ11-129	
SL17	溶液箱、计量器	台	YJ11-130～YJ11-134	
SL18	液压秤、搅拌器	台	YJ11-135～YJ11-137	
SL19	吸收器	台	YJ11-138～YJ11-144	
SL20	树脂捕捉器	台	YJ11-145；YJ11-146	
SL21	水箱	1. 台 2. t	YJ11-147～YJ11-150	
SL22	曝气生物滤池	台	YJ11-151～YJ11-153	
SL23	油处理设备	台	YJ11-154～YJ11-163	
SL24	制氢设备	套	YJ11-164～YJ11-166	
SL25	室外贮气罐	台	YJ11-167～YJ11-169	
SL26	海水制氯设备	套	YJ11-170	
SL27	汽水取样设备	套	YJ11-192～YJ11-198	
SL28	凝汽器检漏装置	套	YJ11-199	
SL29	炉内水处理装置	套	YJ11-200～YJ11-206	
SL30	化学专用泵	台	YJ11-207～YJ11-219	
SL31	罗茨风机（加氯机）	台	YJ11-220～YJ11-225	
SL32	多效蒸发器	套	YJ11-255～YJ11-257	
SL33	涡轮式能量回收装置	套	YJ11-258～YJ11-260	
SL34	压力交换式能量回收装置	套	YJ11-261；YJ11-262	
SL35	化水系统试运	套	YJ11-226～YJ11-237	
SL36	制氢设备试运	套	YJ11-238～YJ11-240	
SL37	反渗透装置试运	套	YJ11-241～YJ11-244	

项目编码	项目名称	计量单位	参考定额编号	备注
SL38	闪蒸器	套	YJ11-245～YJ11-247	
SL39	喷淋塔	套	YJ11-248～YJ11-250	
SL40	板框式压滤机	套	YJ11-251～YJ11-253	
SL41	浓缩池刮泥机	套	YJ11-254	

注 1. 钢筋混凝土池内设备安装未包括池体之间的连接平台、梯子、栏杆的安装，未包括池体内部加工件及池壁的防腐。
　　2. 澄清设备包括澄清器、涡流反应器、双阀滤池、多阀滤池、压力混合器等。
　　3. 电渗析器安装，不包括本体塑料（或衬里）管、管件、阀门的安装，也不包括浓盐水泵以及精密过滤器的安装。
　　4. 覆盖过滤器安装包括滤元手工绕丝，但不包括填料箱安装，发生时可参考搅拌器安装。
　　5. 电磁除铁过滤器安装不包括水箱及水泵的安装。
　　6. 除二氧化碳器安装包括风机安装，但不包括风道和平台、梯子、栏杆的制作与安装。
　　7. 酸碱贮存罐（槽）安装不包括内外壁防腐。
　　8. 泡沫吸收器安装不包括烟道安装。
　　9. $V \leqslant 45m^3$ 的水箱，按台计列数量；$V > 45m^3$ 的水箱，按 t 计列安装数量。
　　10. 汽水取样设备未包括取样架除锈、油漆防腐。
　　11. 闪蒸器安装不包括内部换热管道安装。

D.1.12　脱硫设备

项目编码	项目名称	计量单位	参考定额编号	备注
SM01	吸收塔本体	t	YJ12-1	
SM02	贮仓	t	YJ12-2～YJ12-4	
SM03	吸收塔内部装置	台	YJ12-5～YJ12-9	
SM04	吸收塔内除雾器	台		吸收塔内部除雾器安装含在吸收塔内部装置中，已不必单独设置清单项
SM05	烟气换热器（GGH）	台	YJ12-15～YJ12-19	
SM06	浆液循环泵	台	YJ12-20～YJ12-23	
SM07	烟气冷却泵	台	YJ12-24；YJ12-25	
SM08	外置式除雾器	t	YJ12-26～YJ12-31	
SM09	氧化风机	台	YJ12-32～YJ12-43	
SM10	石灰石磨机	台	YJ12-44～YJ12-50	
SM11	真空皮带脱水机	台	YJ12-51～YJ12-57	
SM12	旋流器	台	YJ12-58	
SM13	石灰浆搅拌器	台	YJ12-59～YJ12-70	
SM14	石膏仓卸料装置	台	YJ12-71；YJ12-72	
SM15	离心脱水机	台	YJ12-73～YJ12-79	

注 脱硫设备的安装均未包括设备的内衬防腐、设备保温和保温面油漆、设备本体表面油漆。

D.1.13　脱硝设备

项目编码	项目名称	计量单位	参考定额编号	备注
SN01	SCR 反应器本体	t	YJ13-1	
SN02	催化剂模块	m³	YJ13-2	
SN03	氨气-热空气混合器、稀释风机	台	YJ13-3；YJ13-4	
SN04	液氨卸料压缩机组	台	YJ13-5	

项目编码	项目名称	计量单位	参考定额编号	备注
SN05	液氨储罐	台	YJ13-6～YJ13-10	
SN06	液氨蒸发器	台	YJ13-11	
SN07	氨气缓冲罐	台	YJ13-12	
SN08	氨气稀释罐	台	YJ13-13	
SN09	氨气存储罐	台	YJ13-14	
SN10	尿素溶解罐	台	YJ13-15	
SN11	尿素储罐	台	YJ13-16	
SN12	尿素裂解装置	台	YJ13-17	

注 脱硝设备安装均未包括设备保温和保温面油漆、设备本体表面油漆。

D.1.14 燃气-蒸汽联合循环发电设备

项目编码	项目名称	计量单位	参考定额编号	备注
SP01	燃气轮机本体	套	YJ14-1～YJ14-5；YJ14-31～YJ14-35	
SP02	燃气轮发电机本体	套	YJ14-6～YJ14-10	
SP03	进气装置钢结构	t	YJ14-11～YJ14-15	
SP04	空气过滤装置	t	YJ14-16～YJ14-20	
SP05	进气室、进气风道	t	YJ14-21～YJ14-30	
SP06	轻、重油前置装置	套	YJ14-36～YJ14-42	
SP07	轻、重油加热装置	套	YJ14-43～YJ14-49	
SP08	轻、重油过滤装置	套	YJ14-50～YJ14-56	
SP09	天然气前置装置（天然气过滤装置）	套	YJ14-57～YJ14-66	
SP10	抑钒装置	套	YJ14-67～YJ14-70	
SP11	双联滤网	套	YJ14-71～YJ14-75	
SP12	水-水热交换装置	套	YJ14-85～YJ14-89	
SP13	注水及水清洗装置	套	YJ14-95～YJ14-104	
SP14	燃气轮发电机组空负荷试运配合	套	YJ14-105～YJ14-109	
SP15	高温排气管道及烟气挡板门	t	YJ14-110～YJ14-119	
SP16	钢旁路烟囱	t	YJ14-120～YJ14-124	
SP17	出口钢烟道	t	YJ14-131～YJ14-136	
SP18	本体钢烟囱	t	YJ14-137～YJ14-142	
SP19	独立钢烟囱	t		实施时会发生安装费用,无对应定额
SP20	风压及烟气密闭试验	台炉	YJ14-202～YJ14-207	
SP21	水压及严密性试验	台炉	YJ14-208～YJ14-213	
SP22	碱煮、酸洗	台炉	YJ14-214～YJ14-219	
SP23	重油处理设备	套	YJ14-235～YJ14-237	
SP24	变频离心式压缩机	套	YJ14-238～YJ14-242	
SP25	旋风分离装置	套	YJ14-243～YJ14-247	

项目编码	项目名称	计量单位	参考定额编号	备注
SP26	计量装置	套	YJ14-248～YJ14-252	
SP27	过滤分离装置	套	YJ14-253～YJ14-257	
SP28	调压装置	套	YJ14-258～YJ14-262	
SP29	精过滤装置	套	YJ14-263～YJ14-267	

注 1. 燃气-蒸汽联合循环发电设备的安装均未包括不随设备供货而与设备连接的各种管道的安装。

2. 燃气轮发电机组空负荷试运包括：附属设备启动投入、暖管、暖机、升速、超速试验；调速系统动态试验和调整；配合发电机的电气试验，以及停机后的清扫检查等。

3. 均未包括设备保温和保温面油漆、设备本体表面底漆修补及表面油漆。

4. 编制清单时，余热锅炉、汽轮机及汽轮发电机设备及辅助设备等可以参照之前章节设备对应子目计列。

D.1.15 空冷系统设备

项目编码	项目名称	计量单位	参考定额编号	备注
SQ01	冷却风机组	台	YJ15-1～YJ15-4	
SQ02	汽轮机排汽装置	机组	YJ15-5～YJ15-9	
SQ03	凝汽器管束及联箱	m²	YJ15-10～YJ15-12	
SQ04	管束"A"型支撑架	t	YJ15-13	
SQ05	单元分隔墙	t	YJ15-14	
SQ06	直冷设备冲洗设备	台	YJ15-15	
SQ07	直冷设备轨道	m	YJ15-16	
SQ08	排汽管道、蒸汽分配管道	m	YJ15-17～YJ15-29	
SQ09	空冷系统阀门	个	YJ15-30～YJ15-33	
SQ10	补偿器	个	YJ15-34～YJ15-38	
SQ11	管道支撑座	t	YJ15-39	
SQ12	直接空冷系统严密性试验	机组	YJ15-40～YJ15-44	
SQ13	间接空冷设备冷却三角	m²	YJ15-45；YJ15-46	
SQ14	间接空冷设备清洗装置	台	YJ15-47	
SQ15	冷却三角支架	t	YJ15-48	
SQ16	空冷钢结构	t	YJ15-49	

注 1. 设备安装均未包括设备本体表面油漆。

2. 管道、阀门安装均未包括管道、阀门和支吊架的油漆。

D.1.16 措施项目

项目编码	项目名称	计量单位	参考定额编号	备注
SS01	炉墙砌筑脚手架及平台搭拆	台	YJ4-35～YJ4-40	

三、电气工程

D.2.1 发电机电气

项目编码	项目名称	计量单位	参考定额编号	备注
SA01	发电机检查接线	台	YD1-1～YD1-6	
SA02	发电机励磁电阻器	台	YD1-38～YD1-43	

项目编码	项目名称	计量单位	参考定额编号	备注
SA03	柴油发电机组	台	YD1-44～YD1-47	
SA04	交流电动机检查接线	台	YD1-14～YD1-28	
SA05	交流立式电动机检查接线	台	YD1-29～YD1-37	
SA06	直流电动机检查接线	台	YD1-7～YD1-13	

D.2.2 变压器

项目编码	项目名称	计量单位	参考定额编号	备注
SB01	干式变压器	台	YD2-1～YD2-7	
SB02	三相电力变压器	台	YD2-8～YD2-45	
SB03	单相电力变压器	台	YD2-46～YD2-56	
SB04	箱式变压器	台	YD2-57～YD2-62	
SB05	中性点小电抗器	台	YD2-63；YD2-64	
SB06	低压电抗器	组/三相	YD2-65～YD2-67	
SB07	高压电抗器	台	YD2-68～YD2-80	
SB08	消弧线圈	台	YD2-81～YD2-88	
SB09	接地变压器及消弧线圈成套装置	台	YD2-89；YD2-90	
SB10	绝缘油过滤	t	YD2-91	

注 变压器安装清单不包括变压器基础、轨道及母线铁构件的制作安装，发生时执行 D.2.5 中屏柜基础、铁构件清单项目。

D.2.3 配电装置

项目编码	项目名称	计量单位	参考定额编号	备注
SC01	真空断路器	台	YD3-1～YD3-5	
SC02	少油断路器	台	YD3-6～YD3-16	
SC03	SF$_6$断路器	台	YD3-17～YD3-26	
SC04	罐式断路器	台	YD3-17～YD3-26	罐式断路器安装按 SF$_6$断路器安装子目
SC05	隔离式断路器	台	YD3-27～YD3-30	
SC06	出口断路器	台	YD3-31；YD3-32	
SC07	SF$_6$全封闭组合电器（GIS）	台	YD3-33～YD3-46	
SC08	复合式组合电器（HGIS）	台	YD3-47～YD3-51	
SC09	空气外绝缘高压组合电器（COMPASS）	台	YD3-52；YD3-53	
SC10	户内隔离开关	组	YD3-54～YD3-61	
SC11	户外单柱式隔离开关	组	YD3-115～YD3-122	
SC12	户外双柱式隔离开关	组	YD3-62～YD3-87	
SC13	户外三柱式隔离开关	组	YD3-88～YD3-114	
SC14	单相接地开关	台	YD3-135～YD3-140	
SC15	敞开式组合电器	组	YD3-123～YD3-134	
SC16	电压互感器	台	YD3-141～YD3-151	

项目编码	项目名称	计量单位	参考定额编号	备注
SC17	电流互感器	台	YD3-152～YD3-164	
SC18	电子式互感器	台	YD3-165～YD3-172	
SC19	避雷器	组	YD3-173～YD3-188	
SC20	电容器	1. 只 2. 台 3. 组	YD3-189；YD3-200	1. 计量单位"只"适用于小型电容器 2. 计量单位"台"适用于耦合电容器 3. 计量单位"组"适用于集合式电容器
SC21	自动无功补偿装置	组	YD3-201；YD3-202	
SC22	静止无功补偿装置	组	YD3-203；YD3-204	
SC23	串联补偿装置	组	YD3-205～YD3-219	
SC24	熔断器	组	YD3-220；YD3-221	
SC25	放电线圈	台	YD3-222～YD3-227	
SC26	阻波器	台	YD3-228～YD3-240	
SC27	结合滤波器	套	YD3-241	
SC28	成套高压配电柜	台	YD3-242～YD3-264	
SC29	中性点接地成套设备	套	YD3-265	
SC30	小电阻接地成套装置	套	YD3-266	
SC31	过电压保护器	组	YD3-181～YD3-188	过电压保护器安装执行同电压等级的氧化锌避雷器安装定额子目
SC32	一次组合设备预制舱	座	YD3-267	

注 配电装置安装清单不包括设备支架制作安装、屏柜基础制作安装，发生时执行 D.2.5 中铁构件、屏柜基础清单项目。

D.2.4 母线、绝缘子

项目编码	项目名称	计量单位	参考定额编号	备注
SD01	悬垂绝缘子串	串	YD4-1～YD4-14	
SD02	支持绝缘子	个	YD4-15～YD4-26	
SD03	穿墙套管	个	YD4-27～YD4-36	
SD04	软母线	跨/三相	YD4-37～YD4-62	
SD05	引下线、跳线及设备连接线	组/三相	YD4-63～YD4-75	
SD06	架空避雷线	根/跨	YD9-42	
SD07	带形母线	m	YD4-76～YD4-82	
SD08	母线伸缩节	个	YD4-83；YD4-84	
SD09	母线热缩套	m	YD4-85～YD4-88	
SD10	槽形母线	m	YD4-89～YD4-92	
SD11	槽形母线与设备连接	组	YD4-93～YD4-96	
SD12	支持式管形母线	m	YD4-97～YD4-103	
SD13	悬吊式管形母线	跨/三相	YD4-104～YD4-109	
SD14	GIS 母线	1. 三相米 2. m	YD4-110～YD4-115	1. 计量单位"三相米"适用于分相母线 2. 计量单位"m"适用于共箱母线

项目编码	项目名称	计量单位	参考定额编号	备注
SD15	GIL 母线	1. 三相米 2. m	YD4-110～YD4-115	1. 计量单位"三相米"适用于分相母线 2. 计量单位"m"适用于共箱母线
SD16	GIS 进出线套管	个	YD4-116～YD4-121	
SD17	GIL 进出线套管	个	YD4-116～YD4-121	
SD18	分相封闭母线（主母线）	m	YD4-122～YD4-125	
SD19	分相封闭母线（分支母线）	m	YD4-126；YD4-127	
SD20	共箱母线	m	YD4-128；YD4-129	
SD21	电缆母线	m	YD4-130～YD4-134	
SD22	发电机出线箱	台	YD4-135～YD4-137	
SD23	低压封闭式插接母线槽	m	YD4-138～YD4-146	

注 1. 母线、绝缘子安装清单不包括支架制作安装，发生时执行 D.2.5 中铁构件制作、安装清单项目。

2. GIS 母线清单适用于 GIS 主母线和间隔外的分支母线。

D.2.5 控制、继电保护屏及低压电器

项目编码	项目名称	计量单位	参考定额编号	备注
SE01	控制盘台柜	台	YD5-1～YD5-7； YD5-13； YD5-24～YD5-25	
SE02	保护盘台柜	台	YD5-9～YD5-11	
SE03	模拟屏	m²	YD5-8	
SE04	特高压在线监测装置	套	YD5-12	
SE05	预制舱式一二次组合设备	座	YD5-14～YD5-16	
SE06	预制舱式二次组合设备	座	YD5-17～YD5-19	
SE07	预制式二次组合设备	组	YD5-20；YD5-21	
SE08	预制式智能控制柜	台	YD5-22；YD5-23	
SE09	变频器	套	YD5-26～YD5-28	
SE10	端子箱	台	YD5-29；YD5-30	
SE11	屏边	台	YD5-31	
SE12	表盘附件	个	YD5-32～YD5-37	
SE13	小母线	m	YD5-38	
SE14	二次回路配线	m	YD5-39	
SE15	小电流接地选线装置	套	YD5-40	
SE16	智能组件	套	YD5-41～YD5-51	
SE17	数字同步设备	台	YD5-52～YD5-56	
SE18	穿通板	块	YD5-57～YD5-60	
SE19	低压盘箱柜	台	YD5-61～YD5-65	
SE20	低压电器	个	YD5-66～YD5-82	
SE21	铁构件制作	t	YD5-83；YD5-85	
SE22	铁构件安装	t	YD5-84；YD5-86	
SE23	基础型钢	m	YD5-87	

项目编码	项目名称	计量单位	参考定额编号	备注
SE24	网门	m²	YD5-88	
SE25	喷漆	m²	YD5-89	
SE26	励磁灭磁装置调试	组	YD12-1～YD12-6	
SE27	高压静电除尘装置电气调试	组	YD12-7～YD12-12	
SE28	保护装置调试	1. 台 2. 套 3. 间隔	YD12-14～YD12-54	1. 计量单位"台"适用于变压器保护装置、断路器保护装置 2. 计量单位"套"适用于发变组保护、母线保护 3. 计量单位"间隔"适用于送配电保护装置、母联保护
SE29	自动装置调试	套	YD12-55～YD12-112	
SE30	电厂微机监控元件调试	台	YD12-113～YD12-118	
SE31	变电站、升压站微机监控元件调试	站	YD12-119～YD12-123	
SE32	智能变电站调试	1. 套 2. 站	YD12-124～YD12-143	1. 计量单位"套"适用于合并单元、智能终端 2. 计量单位"站"适用于网络报文记录和分析装置
SE33	二次系统安全防护	1. 台 2. 套	YD12-144～YD12-155	1. 计量单位"台"适用于二次系统安全防护设备 2. 计量单位"套"适用于计算机安全防护措施检测、信息安全测评

注 控制、继电保护屏及低压电器安装清单不包括设备支架、底座、槽钢的制作安装，发生时执行 D.2.5 中铁构件、屏柜基础清单项目。

D.2.6 交直流电源

项目编码	项目名称	计量单位	参考定额编号	备注
SF01	蓄电池支架	m	YD6-1～YD6-4	
SF02	免维护铅酸蓄电池	只	YD6-5～YD6-15	
SF03	碱性蓄电池	只	YD6-16～YD6-22	
SF04	密闭式铅酸蓄电池	只	YD6-23～YD6-34	
SF05	蓄电池组充放电	组	YD6-35～YD6-40	
SF06	UPS 三相不停电电源	套	YD6-41；YD6-42	
SF07	电源屏柜	台	YD6-43；YD6-46～YD6-51	
SF08	整流模块	块	YD6-44；YD6-45	
SF09	蓄电池巡检仪	套	YD6-52	

注 交直流电源安装清单不包括设备支架、底座、槽钢的制作安装，发生时执行 D.2.5 中铁构件、屏柜基础清单项目。

D.2.7 起重设备电气装置

项目编码	项目名称	计量单位	参考定额编号	备注
SG01	桥式起重机电气	台	YD7-1～YD7-5	
SG02	抓斗式起重机电气	台	YD7-6～YD7-9	
SG03	单轨式起重机电气	台	YD7-10～YD7-15	

项目编码	项目名称	计量单位	参考定额编号	备注
SG04	电动葫芦电气	台	YD7-16～YD7-19	
SG05	堆取料机电气	台	YD7-20～YD7-22	
SG06	专用电梯电气	部	YD7-23～YD7-27	
SG07	型钢滑触线	m	YD7-28～YD7-38	
SG08	安全滑触线	1. 单相米 2. 三相米	YD7-39；YD7-40	1. 计量单位"单相米"适用于单相式 2. 计量单位"三相米"适用于三相式
SG09	移动软电缆	根	YD7-41～YD7-47	
SG10	滑触线支架	副	YD7-48～YD7-52	

注 起重设备电气装置安装清单不包括铁构件制作，发生时执行 D.2.5 中铁构件制作清单项目。

D.2.8 电缆

项目编码	项目名称	计量单位	参考定额编号	备注
SH01	人工开挖路面	m^2	YD8-1～YD8-6	
SH02	直埋电缆挖填土	m^3	YD8-7～YD8-9	
SH03	电缆沟揭盖盖板	m	YD8-10～YD8-12	
SH04	直埋电缆铺砂、盖砖或盖保护板	m	YD8-13～YD8-16	
SH05	钢质桥架	t	YD8-21；YD8-22	
SH06	铝合金桥架	m	YD8-18～YD8-20	
SH07	钢质支架	t	YD5-83；YD5-84	
SH08	复合支架	副	YD8-17	
SH09	电缆竖井	1. t 2. m	YD8-21～YD8-25	1. 计量单位"t"适用于钢质电缆竖井 2. 计量单位"m"适用于铝合金电缆竖井
SH10	电缆保护管	m	YD8-26～YD8-43	
SH11	电力电缆	m	YD8-44～YD8-52	
SH12	电力电缆头	个	YD8-53～YD8-117	
SH13	控制电缆	m	YD8-44～YD8-46	
SH14	控制电缆头	个	YD8-118～YD8-128	
SH15	电缆防火设施	1. m 2. m^2 3. t	YD8-129～YD8-136	1. 计量单位"m"适用于阻燃槽盒、防火带 2. 计量单位"m^2"适用于防火隔板、防火墙 3. 计量单位"t"适用于防火堵料、防火涂料、防火包
SH16	集束导线	m	YD8-137～YD8-142	
SH17	电力电缆试验	组	YD12-13	

注 钢质桥架和铝合金桥架清单均包括桥架、护罩、立柱、托臂及连接件等制作安装。

D.2.9 照明及接地

项目编码	项目名称	计量单位	参考定额编号	备注
SJ01	设备照明	套	YD9-1～YD9-5	
SJ02	户外照明	1. 基 2. 套	YD9-6～YD9-14	1. 计量单位"基"适用于单叉和双叉灯具 2. 计量单位"套"适用于其他室外灯具
SJ03	接地极	根	YD9-15～YD9-24	
SJ04	降阻接地	1. 套 2. 个 3. kg	YD9-25～YD9-27	1. 计量单位"套"适用于离子接地极 2. 计量单位"个"适用于接地模块 3. 计量单位"kg"适用于降阻剂
SJ05	户外接地母线	m	YD9-28～YD9-33； YD9-36～YD9-38	
SJ06	户内接地母线	m	YD9-40	
SJ07	铜绞线	m	YD9-34～YD9-35； YD9-39	
SJ08	热熔焊接	处	YD9-41	
SJ09	架空避雷线	根	YD9-42	
SJ10	构架接地	处	YD9-43	
SJ11	阴极保护井安装	口	YD9-44；YD9-45	
SJ12	深井接地埋设	根	YD9-46	
SJ13	接地深井成井	m	YD9-47	

D.2.10 通信设备

项目编码	项目名称	计量单位	参考定额编号	备注
SK01	PCM 设备	台/块	YZ1-3；YZ1-4	1. 本清单项适用于 PCM 设备新建及 PCM 设备扩容接口盘 2. PCM 接口盘定额子目适用于中继板、业务板（用户接口板、数字用户板、二/四线音频接口板、子速率业务接口板）、交叉板等 3. 压缩通道 PCM 设备（ADPCM）执行 PCM 设备清单项
SK02	光传输设备	1. 套 2. 台	YZ1-1；YZ1-2； YZ1-5～YZ1-13； YZ1-38	1. 本清单项目适用于 SDH 光传输设备、PDH 传输设备 2. 本清单项用于 SDH 光传输设备时，以"套"为计量单位，指 SDH 设备的基本配置（ADM 包含 2 块高阶光板，TM 包含 1 块高阶光板） 3. SDH 传输设备速率为 40Gb/s 时，定额子目执行速率为 10Gb/s 传输设备子目，人工、机械乘以系数 1.2 4. 基本配置以外光板执行"SK04 接口单元盘"清单项
SK03	基本子架及公共单元盘	套	YZ1-20；YZ1-21； YZ1-50	1. 本清单项适用于 SDH 光传输设备、OTN 光传送网设备的扩容 2. 在原有光端机上扩容接口单元盘，每次扩容时同 1 套光端机只计列 1 次 3. 在原有 OTN 设备上扩容光路系统、电交叉设备、光交叉设备、光功率放大器、光波长转换器（OTU）等单元，每次扩容时同 1 套 OTN 设备只计 1 次

项目编码	项目名称	计量单位	参考定额编号	备注
SK04	接口单元盘	块	YZ1-14～YZ1-19；YZ1-22～YZ1-28	1．本清单项适用于 SDH 新建、扩容光板 2．新建接口单元盘指 SDH 传输设备新建时超出其基本配置（ADM 包含 2 块高阶光板，TM 包含 1 块高阶光板）的光板 3．扩容接口单元盘（SDH），单站扩容接口单元盘第 3 块及以上定额乘以系数 0.5
SK05	光功率放大器、转换器	1．套 2．个 3．块	YZ1-29～YZ1-32	1．本清单项适用于光功率放大器、光电转换器、协议转换器、其他光功率补偿类装置 2．前向纠错（FEC）、受激布里渊散射（SBS）、色散补偿（DCM）执行外置光功率放大器定额子目 3．色散补偿（DCM）执行外置光功率放大器定额子目，定额乘以 0.5
SK06	切换装置	台	YZ1-33；YZ1-34	本清单项适用于 2M 切换装置、光纤线路自动切换保护装置（OLP）
SK07	线路段光端对测	方向·系统	YZ1-35；YZ1-36；YZ1-56；YZ1-57	1．本清单项适用于 SDH 传输设备、OTN 光传送网 2．本清单项目特征"类别"是指 SDH 设备的端站、中继站，OTN 设备的光放站、端站/再生站 3．线路段光端对测"一收一发"为 1 个系统，仅指本端至对端的调测 4．对侧设备的"光端对测"应计量
SK08	光传送网（OTN）设备	套	YZ1-39	本清单项适用于新建 OTN 基本成套设备（含 2 个光系统），每套包括电层子架 1 个、光层子架 2 个、40 波合分波器 2 套、光功率放大器 4 块、色散补偿（DCM）2 块
SK09	OTN 光路系统设备	套	YZ1-40；YZ1-51	1．本清单项适用于新建增装和扩容 OTN 光路系统 2．新建增装指 OTN 基本成套设备（2 个光系统）以外的光路系统 3．OTN 光路系统（1 个光系统），每套包括光层子架 1 个、40 波合分波器 1 套、光功率放大器 2 块、色散补偿（DCM）1 块 4．定额扩容 OTN 光路系统，在单站扩容第 2 套及以上，定额乘以 0.7
SK10	OTN 光（电）交叉设备	1．套 2．维度	YZ1-41～YZ1-43；YZ1-52～YZ1-54	本清单项适用于新建和扩容光（电）交叉设备
SK11	光波长转换器（OTU）	块	YZ1-44；YZ1-55	1．本清单项适用于新建和扩容光波长转换器 2．单站扩容第 2 套及以上，定额乘以 0.5
SK12	合波器、分波器	套	YZ1-45；YZ1-46	1．本清单项目适用于已有 OTN 设备上单独增装合波器、分波器 2．本清单项每"套"包括 1 个合波器和 1 个分波器
SK13	光谱分析模块	块	YZ1-47	

项目编码	项目名称	计量单位	参考定额编号	备注
SK14	光放站光线路放大器（OLA）	套	YZ1-48；YZ1-49	本清单项每"套"包括光层子架 1 个、2 个方向的光放大器及公共设备
SK15	光传送网（OTN）通道调测	方向·波道	YZ1-58～YZ1-61	1. 本清单项适用于 OTN 光通道开通、调测 2. 仅指本端至对端的调测
SK16	光传送网（OTN）网络保护	方向·段	YZ1-62～YZ1-64	1. 本清单项适用于线路保护、光通道保护、子网连接保护 2. 根据工程实际配置的技术方案计列
SK17	光分路器（POS）	个	YZ1-65	光分路器（POS）安装在铁塔上，定额人工乘以系数 1.5
SK18	光网络单元（ONU）	台	YZ1-66	光网络单元（ONU）安装在铁塔上，定额人工乘以系数 1.5
SK19	光线路终端（OLT）	台	YZ1-67	光网络单元（ONU）安装在铁塔上，定额人工乘以系数 1.5
SK20	无源光网络系统联调	系统	YZ1-70	无源光网络系统联调，1 个环路为 1 个系统
SK21	DDN 设备	套	YZ1-71～YZ1-73	
SK22	光、电调测中间站配合	站	YZ1-37	本清单项适用于中间站仅进行光、电跳线工作
SK23	通信抱杆	基	YZ2-1～YZ2-6	1. 楼面抱杆、支撑杆的计量单位为"基" 2. 楼面抱杆、支撑杆"高度"是指杆顶距底座的高度 3. 铁塔抱杆计量单位为"副" 4. 铁塔抱杆的安装高度是指抱杆底部距塔或杆底座的高度 5. 铁塔抱杆定额按 40m 以内、40m 以上每增加 1m 设置
SK24	天线	副	YZ2-7～YZ2-10	1. 本清单项目特征"位置"是指天线安装在楼面抱杆上、支撑杆上、铁塔上 2. 安装在铁塔上的天线，定额按 40m 以内、40m 以上每增加 1m 设置
SK25	馈线	条	YZ2-11；YZ2-12	馈线定额按 10m 以内、10m 以上每增加 1m 设置
SK26	射频拉远设备	套	YZ2-13～YZ2-16	1. 本清单项目特征"位置"是指设备安装在楼面抱杆、支撑杆上、铁塔上 2. 安装铁塔上的射频拉远设备，定额按 40m 以内、40m 以上每增加 1m 设置
SK27	一体化基站设备	套	YZ2-17；YZ2-18	一体化基站设备定额按 10m 以内、10m 以上每增加 1m 设置
SK28	基站主设备	套	YZ2-19	
SK29	核心网设备	套	YZ2-20	核心网设备的机柜、防火墙、交换机执行通信工程相应清单项目
SK30	无线终端	套	YZ2-21	
SK31	中继放大器	台	YZ1-68；YZ1-69；YZ2-22	1. 接入点设备（AP）、中继点设备（TG）按"套"计列 2. 接入点设备（AP）、中继点设备（TG）安装在铁塔上，定额人工乘以系数 1.5

项目编码	项目名称	计量单位	参考定额编号	备注
SK32	无线专网设备联调	1. 站 2. 扇区 3. 套	YZ2-23～YZ2-25	基站系统调测计量单位为"站"、联网调测计量单位为"扇区"、核心系统调测计量单位为"套"
SK33	电话交换设备	架	YZ5-1	1. 电话交换设备每"架"含500线 2. 大容量程控交换机安装，超出部分执行清单项"CK40 用户集线器（SLC）设备"
SK34	用户集线器（CKC）设备	架	YZ5-2	用户集线器（SLC）设备包含与电话交换设备间的线缆连接
SK35	程控交换机计费系统调试	套	YZ5-6	
SK36	程控电话交换设备系统联调	千线	YZ5-8～YZ5-10	1. 本清单项适用于用户线调试、中继线调试、增值服务调试 2. "千线"是指交换门数，不足千线按1千线计量
SK37	扩装交换设备板卡、模块	块	YZ5-3～YZ5-5； YZ5-16；YZ5-17	本清单项适用于程控电话交换设备、电力调度程控交换设备的扩装板卡及模块
SK38	维护终端、话务台、告警设备	台	YZ5-7	
SK39	电力调度程控交换机	架	YZ5-11～YZ5-15； YZ5-18	本清单项适用于电力调度程控交换机、电力调度台、电力调度录音装置
SK40	电力调度程控交换机系统联调	系统	YZ5-19	新增1台电力调度程控交换机设备计1个系统联调
SK41	IMS 设备	台	YZ5-20～YZ5-25	本清单项适用于核心设备、应用服务器、网关设备、AG 接入网关、IAD 接入设备、IP 话务台设备
SK42	应用平台调试	套	YZ5-26～YZ5-30	本清单项适用于 IMS 基础业务应用平台调试、短信平台、WEB 视频会议平台、彩铃系统、计费系统
SK43	会议电话汇接机及扩音装置	1. 架 2. 部	YZ6-1；YZ6-2； YZ6-4	
SK44	会议电话终端机	套	YZ6-3	
SK45	会议电话系统	系统	YZ6-5；YZ6-6	
SK46	会议电视终端机	台	YZ6-7；YZ6-8	
SK47	会议电视多点控制器（MCU）、视频/音频矩阵、编解码器	台	YZ6-9～YZ6-13	
SK48	会议电视系统联网调试	1. 端 2. 系统	YZ6-14～YZ6-16	本清单项适用于会议电视视频终端联网试验、会议电视系统联网调试
SK49	业务、指标、性能测试	站	YZ6-17～YZ6-19	1. 本清单项适用于新建、扩容会议电视系统 2. 新建会议电视系统时，只在主站分别执行业务、指标、性能测试各1次 3. 原有会议电视系统扩容、增加新会场时，在主站分别执行业务、指标、性能测试各1次
SK50	网络设备	台	YZ7-1～YZ7-19	1. 本清单项适用于路由器、交换机、服务器和宽带接入设备

项目编码	项目名称	计量单位	参考定额编号	备注
SK50	网络设备	台	YZ7-1～YZ7-19	2．路由器、交换机定额已包含公共部分及光模块的安装调测 3．路由器与路由器之间采用光模块直连时，相应调测执行"线路段光端对测"清单项 4．在运路由器新增路由方向时，参考相应路由器子目
SK51	网络安全设备	台	YZ7-20～YZ7-22	本清单项适用于防火墙设备、硬件加密装置、物理隔离装置设备、入侵检测（IDS/IPS）、抗DDOS攻击设备、上网行为管理与流控设备、安全接入平台设备等
SK52	数据存储设备	台	YZ7-23～YZ7-32	本清单项目适用于硬盘驱动器、磁盘阵列、磁带机、磁带库、光盘机、光盘库
SK53	网络系统调试	系统	YZ7-33～YZ7-38	网络系统调试清单项目适用于局域网系统调试、接入广域网系统调试、接入互联网系统调试、网络安全系统调试
SK54	摄像机安装杆	根	YZ8-1	立钢管杆定额包括接地安装工作，不含接地装材费
SK55	摄像机设备	台	YZ8-2～YZ8-5	1．包括云台、照明灯安装 2．本清单项目特征"位置"是指摄像机安装在室内、室外 3．摄像机与主控设备连接的光（电）缆敷设执行通信线路相应清单项目 4．铁塔上安装摄像机执行摄像机（室外）定额子目，定额人工乘以系数1.5
SK56	告警、传感器	只	YZ8-6～YZ8-12	本清单项目适用于烟雾、门窗告警装置，温度、湿度传感器，吹扫装置、冷却装置，动力监控装置，水浸监控装置，风速传感器，空调、风机控制器等
SK57	视频监控管理设备	台	YZ8-13～YZ8-21	
SK58	视频监控设备系统联调	系统	YZ8-22	
SK59	动力环境监控设备	台	YZ8-23	
SK60	动力环境监控子站调测	站	YZ8-24	动力环境监控系统不包含采集设备，另执行相应清单项
SK61	动力环境监控远端接入联调	系统	YZ8-25	
SK62	扩音呼叫设备	只	YZ8-26～YZ8-32	本清单项适用于呼叫器、调音台、服务主机、无线收发器、无线发射主机、扩音装置、号筒喇叭等
SK63	扩音呼叫系统联调	点	YZ8-33	
SK64	显示装置	m²	YZ8-34	
SK65	数字录像机	台	YZ8-35～YZ8-37	
SK66	电子围栏	套	YZ8-38～YZ8-45	本清单项目包括电子围栏主控制设备、围栏线、绝缘杆、围栏监测装置的安装和入侵报警系统调试
SK67	门禁	台	YZ8-46～YZ8-50	本清单项目适用于读卡器、电磁锁、门禁控制器

项目编码	项目名称	计量单位	参考定额编号	备注
SK68	门禁系统联调	控制点	YZ8-51	
SK69	大楼综合定时系统	套	YZ10-1	大楼综合定时系统安装调测定额包含本地监控终端网管调测
SK70	基准时钟	套	YZ10-2	
SK71	卫星接收机	套	YZ10-3	
SK72	网络时间协议设备（NTP）	套	YZ10-4	
SK73	卫星接收天线、馈线	条	YZ10-5；YZ10-6	1. 卫星接收天线、馈线计量单位为"条" 2. 定额按30m、每增加10m设置
SK74	通信数字同步网系统联调	站	YZ10-7	通信数字同步网设备是指通信专用的频率同步网设备，不适用于二次、自动化系统时间同步设备
SK75	网络管理系统	套	YZ11-1；YZ11-2	1. 本清单项适用于新建的网络管理系统，分为Ⅰ类网管、Ⅱ类网管 2. Ⅰ类网管系统适用于SDH、OTN、PTN、xPON、交换网、无线专网、数据网等新建网管系统 3. Ⅱ类网管系统适用于PDH、切换装置、卫星通信、PCM设备、载波设备、微波设备、光路子系统、同步网、动力环境监控系统等其他新建网管系统
SK76	蓄电池柜	架	YZ12-1	
SK77	蓄电池组	组	YZ12-2～YZ12-9	1. 本清单项仅适用于通信工程各类蓄电池组 2. 本清单项包括蓄电池容量试验
SK78	蓄电池在线监测设备	套	YZ12-10	每组蓄电池计1套在线监测设备
SK79	高频开关电源屏	面	YZ12-11～YZ12-15	
SK80	高频开关整流模块	块	YZ12-16；YZ12-17	本清单项适用于在原有开关电源上扩容或更换模块
SK81	高频开关电源系统调测	系统	YZ12-18；YZ12-19	1. 本清单项适用于开关电源系统调测、开关电源远端监控配合 2. 高频开关电源系统调测是指开关整流设备、阀控式铅酸免维护蓄电池组等设备的联合运行调测
SK82	配电屏	面	YZ12-20～YZ12-23	本清单项适用于交流配电屏、直流配电屏
SK83	其他电源设备	台	YZ12-24～YZ12-28	本清单项目适用于整流设备、电源变换器（AC/DC、DC/DC）、UPS、电源浪涌保护器、电源分配器等

D.2.11 通信辅助设备及设施

项目编码	项目名称	计量单位	参考定额编号	备注
SL01	机柜	面	YZ14-1；YZ14-4	1. 本清单项适用于各类通信、信息、服务器等设备屏柜（机架） 2. 本清单项包括设备底座的安装
SL02	光（电）缆槽道、走线架	m	YZ14-2；YZ14-3	1. 本清单项适用于主槽道、过桥、汇流、垂直、对墙槽道等 2. 光（电）缆槽道、走线架安装定额是按成品考虑

项目编码	项目名称	计量单位	参考定额编号	备注
SL03	配线架	架	YZ14-5~YZ14-17	本清单项适用于光纤分配（子）架、数字分配（子）架、音频分配（子）架、网络分配（子）架、综合分配架、敞开式音频配线架
SL04	分线设备	组	YZ14-18~YZ14-27	本清单项目适用于保安单元、电缆交接配线箱、光缆交接箱、音频分线盒、高频分线盒
SL05	布放线缆	m	YZ15-1；YZ15-4；YZ15-10~YZ15-12	1．本清单项适用于布放射频同轴电缆（不含电缆头制作安装）、电话线、以太网线、电力电缆 2．"布放射频同轴电缆"定额适用于单芯同轴电缆，布放多芯同轴电缆定额乘以系数 1.3 3．电力电缆仅指通信工程的直流电缆 4．交流电缆敷设执行发电工程相应子目
SL06	同轴电缆头	个	YZ15-13	同轴电缆 1 芯按 2 个同轴电缆头计量
SL07	配线架布放跳线	条	YZ15-2；YZ15-5	1．本清单项目适用于数字分配架布放跳线、音频配线架布放跳线 2．数字分配架布放跳线，定额未包含同轴电缆头制作安装。若采用成品跳线时，不重复计量同轴电缆头
SL08	放绑软光纤	条	YZ15-6	本清单项指放绑单芯或双芯成品软光缆
SL09	固定线缆	条	YZ15-7~YZ15-9	清单项目适用于 PCM、程控交换机至音频配线架之间电缆的布放，包括电缆两端头制作安装
SL10	公共设备	台	YZ16-1~YZ16-5；YZ16-8~YZ16-11	本清单项目适用于通用计算机、电话机、语音网关、投影机、屏幕、多电脑切换器（KVM）等
SL11	模块	只	YZ16-6；YZ16-7	本清单项目适用于信息模块、防雷模块
SL12	通信业务调试	条	YZ17-1~YZ17-10	1．本清单项目适用于 2M 以下（不含 2M）业务通道、2M 业务通道、34M 业务通道、155M 业务通道、622M 业务通道、2.5G 业务通道、10G 业务通道、10/100M 业务通道、GE 业务通道、10GE 业务通道调试 2．通信业务指端与端之间具体业务通道的开通、调试，不论中间经过多少站点均按 1 条通信业务计列 3．通信业务调试在中间站点仅有跳纤、跳线工作时，执行"光、电调测中间站配合"清单项 4．参考通信业务调试需要在不同传输网管对接操作时子目

D.2.12　通信线路工程

项目编码	项目名称	计量单位	参考定额编号	备注
SM01	立杆	根	YZ13-1；YZ13-3	1．本清单项目综合材料运输、装卸、杆（坑）土石方挖填、立杆、装拉线、接地等工作 2．立水泥杆定额不含接地装材费

续表

项目编码	项目名称	计量单位	参考定额编号	备注
SM02	架空普通光缆	km	YZ13-2; YZ13-4～YZ13-7	1. 本清单项包括吊线及光缆架设 2. 光缆芯数在项目特征"规格型号"中标注 3. 工程计量以光缆线路亘长计算
SM03	架空ADSS光缆	km	YZ13-8～YZ13-11	1. 光缆芯数在项目特征"规格型号"中标注 2. 工程计量以光缆线路亘长计算 3. 本清单项目综合牵、张场场地建设等工作
SM04	管（沟）道光缆	km	YZ13-12～YZ13-19; YZ13-37～YZ13-40	1. 本清单项包括保护管敷设、引上光缆土石方挖填 2. 本清单项目特征"敷设方式"是指穿子管敷设、沟道内敷设光缆
SM05	室内光缆	m	YZ13-20～YZ13-22; YZ13-37;YZ13-38; YZ13-41;YZ13-42	1. 本清单项包括保护管敷设、打穿墙洞、安装支承物 2. 本清单项目特征"敷设方式"是指槽道式光缆、槽板式沿墙光缆、室内通道光缆
SM06	音频电缆	km	YZ13-2; YZ13-23～YZ13-42; YZ13-48～YZ13-50	1. 本清单项包括保护管敷设、吊线及电缆架设、成端电缆、引上光（电）缆土石方挖填、打穿墙洞、安装支承物、电缆全程充气 2. 本清单项目特征"敷设方式"是指沟内人工敷设音频电缆、架空音频电缆、墙壁式音频电缆
SM07	音频电缆接续	头	YZ13-43～YZ13-46	
SM08	电缆全程调测	条	YZ13-47	
SM09	光缆单盘调测	盘	YZ13-51～YZ13-58	1. 光缆芯数在项目特征"规格型号"中标注 2. 工程计量按设计分盘方案确定
SM10	光缆接续	头	YZ13-59～YZ13-66	1. 本清单项目适用于线路光缆中间部分的接续，电厂构架光缆接头盒至机房的光缆熔接执行厂（站）内光缆熔接 2. 光缆芯数在项目特征"规格型号"中标注
SM11	厂（站）内光缆熔接	头	YZ13-67～YZ13-79	1. 本清单项目适用于厂（站）内光缆的熔接 2. 光缆芯数在项目特征"规格型号"中标注
SM12	厂（站）内光缆测试	段	YZ13-80～YZ13-91	光缆芯数在项目特征"规格型号"中标注
SM13	光缆全程测量	段	YZ13-92～YZ13-99	1. 光缆全程测量是指本端光配单元至对端光配单元之间的全程测试 2. 光缆芯数在项目特征"规格型号"中标注
SM14	光缆跨越	处	YZ13-100～YZ13-105	本清单项目适用于低压线、弱电线、高压电力线、一般公路、高速公路、一般铁路、河流等

D.2.13 自动控制装置及仪表

项目编码	项目名称	计量单位	参考定额编号	备注
SN01	热力控制盘柜	块	YD10-1～YD10-9	
SN02	电磁阀箱	只	YD10-10	
SN03	接线盒	只	YD10-11	
SN04	温度测量仪表	支	YD10-12～YD10-14	
SN05	压力测量仪表	台	YD10-15～YD10-20	
SN06	流量测量仪表	1. 台 2. 套	YD10-21～YD10-30	1. 计量单位"台"适用于流量计、流量开关、风量测量装置 2. 计量单位"套"适用于节流装置热控部分
SN07	物位测量仪表	台	YD10-31～YD10-41	
SN08	显示仪表	台	YD10-42～YD10-44	
SN09	电动单元组合仪表	台	YD10-45～YD10-54	
SN10	组装式综合控制仪表	台	YD10-55～YD10-59	
SN11	执行机构	台	YD10-60～YD10-62	
SN12	调节装置	台	YD10-63～YD10-70	
SN13	基地式调节器	台	YD10-71～YD10-75	
SN14	巡回检测装置	台	YD10-76～YD10-80	
SN15	信号报警装置	台	YD10-81～YD10-86	
SN16	安全监测装置	1. 个 2. 套	YD10-87～YD10-92	1. 计量单位"个"适用于探测器 2. 计量单位"套"适用于其他安全监测装置
SN17	分析仪表	套	YD10-93～YD10-106	
SN18	保护装置	套	YD10-107～YD10-114	
SN19	称量装置	套	YD10-115～YD10-119	
SN20	管路敷设	m	YD10-120～YD10-129	
SN21	伴热管路	m	YD10-130～YD10-132	
SN22	伴热电缆	m	YD10-133	
SN23	热控导线	m	YD10-160；YD10-161	
SN24	仪表阀门	个	YD10-134～YD10-145	
SN25	取源部件	个	YD10-146～YD10-155	
SN26	附件	个	YD10-156～YD10-159	
SN27	I/O现场送点校验	台	YD12-156～YD10-161	

注 自动控制装置及仪表安装清单不包括设备材料支架、底座、基础槽钢的制作安装，发生时执行 D.2.5 中铁构件、屏柜基础清单项目。

四、调试工程

D.3.1 分系统调试

项目编码	项目名称	计量单位	参考定额编号	备注
SS01	烟风系统调试	台	YS1-1～YS1-6	
SS02	锅炉冷态通风试验	台	YS1-7～YS1-12	

项目编码	项目名称	计量单位	参考定额编号	备注
SS03	输煤、制粉系统调试	台	YS1-13～YS1-18	670t/h 以下锅炉的制粉系统调试按钢球磨储仓式配置,若采用直吹式制粉系统,定额乘以系数 0.95;670t/h 以上锅炉按直吹式计列,若采用储仓式制粉系统,定额乘以系数 1.05
SS04	灰、渣系统调试	台	YS1-19～YS1-24	灰、渣系统调试定额中按电除尘系统配置。若采用布袋除尘器系统,定额乘以系数 1.05;若同时采用布袋式除尘系统和电除尘器系统,定额乘以系数 1.5;若采用湿式电除尘系统,定额乘以系数 1.2
SS05	燃油系统调试	台	YS1-25～YS1-30	
SS06	等离子(微油)点火装置调整	台	YS1-31～YS1-36	
SS07	汽水系统调试	台	YS1-37～YS1-42	汽水系统调试定额中 1025t/h 以下自然循环锅炉未包括炉水循环泵系统调试。若采用二次再热系统,定额乘以系数 1.2
SS08	锅炉吹管	台	YS1-43～YS1-48	锅炉吹管定额按降压蒸汽吹管方式配置。若采用稳压蒸汽吹管方式,定额乘以系数 1.5。锅炉吹管定额中锅炉专业工作量比例为 48%,汽机专业工作量比例为 37%,化学专业工作量比例为 15%
SS09	循环流化床锅炉分系统调试	台	YS1-61～YS1-65	
SS10	脱硫工艺系统调试	台	YS1-49～YS1-54	
SS11	脱硝工艺系统调试	台	YS1-55～YS1-60	若机组采用尿素制氨系统,脱硝工艺系统调试定额乘以系数 1.2
SS12	蒸汽系统调试	台	YS1-66～YS1-71	蒸汽系统调试未包括加热器汽侧的安全门校验。200MW 及以下机组按采用法兰、螺栓及汽缸加热系统配置,若实际工程配置中不采用,定额乘以系数 0.95。200MW 以上机组按不采用法兰、螺栓及汽缸加热系统计算,如实际工程配置中采用,则定额乘以系数 1.05
SS13	给水系统调试	台	YS1-72～YS1-77	
SS14	发电机水、氢、油系统调试	台	YS1-78～YS1-83	
SS15	真空系统调试	台	YS1-84～YS1-89	真空系统调试按机械真空泵系统配置。实际工程若采用射水抽气器(或射汽抽气器)真空系统,定额乘以系数 0.85
SS16	汽轮机油系统调试	台	YS1-90～YS1-95	
SS17	高、低压旁路系统调试	台	YS1-96～YS1-101	
SS18	驱动用汽轮机调试	台	YS1-102～YS1-107	
SS19	循环水系统调试	台	YS1-108～YS1-113	循环水系统调试按闭式循环水系统配置。实际工程若采用开式循环水系统,定额乘以系数 0.85
SS20	冷却水系统调试	台	YS1-114～YS1-119	

项目编码	项目名称	计量单位	参考定额编号	备注
SS21	空冷系统调试	台	YS1-120～YS1-125	按直接空冷考虑,若为间接空冷系统,则相应调试项目根据直接空冷系统调试定额乘以系数0.45;采用空冷设备的机组,其循环水系统调试按定额乘以系数0.5
SS22	供热系统调试	台	YS3-13～YS3-18	
SS23	发电机主变压器组调试	台	YS1-126～YS1-131	
SS24	发电机励磁系统调试	台	YS1-132～YS1-137	发电机励磁系统有备用励磁机时,发电机励磁系统调试定额乘以系数2.0
SS25	发电机同期系统调试	台	YS1-138～YS1-141	发电机同期系统调试按一个同期点考虑,若为两个及以上同期点时,每增加一个同期点,系数增加0.2
SS26	发电厂直流电源系统调试	台	YS1-142～YS1-146	
SS27	发电厂中央信号系统调试	台	YS1-147～YS1-151	
SS28	保安电源系统调试	台	YS1-152～YS1-157	
SS29	发电厂事故照明系统调试	台	YS1-158～YS1-162	
SS30	电除尘系统调试	台	YS1-163～YS1-168	
SS31	发电机故障录波系统调试	台	YS1-169～YS1-173	
SS32	厂用电切换系统调试	套	YS1-174;YS1-175	以设备"套"为单位计量
SS33	零功率切机系统调试	台	YS1-176～YS1-178	
SS34	发电机 PMU 同步相量系统调试	台	YS1-179～YS1-181	
SS35	变频系统调试	套	YS1-182;YS1-183	以设备"套"为单位计量
SS36	厂用辅机系统电气调试	台	YS1-184～YS1-189	厂用辅机系统为常规燃煤机组的一般配置。 1. 输煤系统按5个转运站考虑,每增加1个转运站系数增加0.2 2. 驱动用汽轮机油系统及盘车装置系统按每台机组2台汽泵考虑,若为1台时定额乘以系数 0.9。50MW 与125MW 机组一般不配置该系统 3. 全厂补充水按厂外距离较远时单独配置考虑,若为厂内取水或距厂较近时,定额乘以系数0.4 4.若辅机采用驱动用汽轮机驱动时,不计取相应辅机的电气调试,应计列汽机分系统及热工分系统调试中驱动用汽轮机调试相应子目
SS37	发电厂微机监控系统调试	台	YS1-190～YS1-195	
SS38	发电厂时间同步系统调试	台	YS1-196～YS1-198	
SS39	发电厂保护故障信息子（分）站系统调试	套	YS1-199～YS1-201	以设备"套"为单位计量
SS40	脱硫系统电气调试	台	YS1-202～YS1-207	
SS41	脱硝系统电气调试	台	YS1-208～YS1-213	
SS42	升压站送配电设备系统调试	系统	YS5-19～YS5-28	1. 以"系统"为计量单位,按照断路器数量计算,包括断路器、隔离开关、电流互感器、电压互感器等一次设备和二次系统及保护调试

项目编码	项目名称	计量单位	参考定额编号	备注
SS42	升压站送配电设备系统调试	系统	YS5-19～YS5-28	2. 厂用低压配电装置柜进线如带保护装置执行400V配继电保护子目 3. 带有电抗器或并联电容器补偿的送配电设备系统，定额乘以系数1.2 4. 分段间隔系统调试，定额乘以系数0.5 5. 母联和旁路系统调试，执行相同电压等级的送配电设备系统调试定额
SS43	升压站母线系统调试	段	YS5-29～YS5-37	母线分系统调试以"段"为计量单位，配有电压互感器的母线计为一段
SS44	升压站直流电源系统调试	站	YS5-129～YS5-149	当交、直流电源一体化配置时，执行"交直流电源一体化系统调试"相应子目，不再执行其他电源系统调试子目
SS45	升压站事故照明系统调试	站	YS5-155～YS5-161	
SS46	升压站不停电电源系统调试	系统	YS5-150～YS5-154	以"系统"为计量单位
SS47	升压站故障录波系统调试	站	YS5-52～YS5-58	
SS48	升压站微机监控系统调试	站	YS5-38～YS5-44	以变电站"站"为计量单位，仅升压站调试定额乘以系数0.8
SS49	升压站"五防"系统调试	站	YS5-45～YS5-51	
SS50	升压站远动分系统调试	站	YS5-73～YS5-79	
SS51	电网调度自动化系统调试	站	YS5-83～YS5-89	电网调度自动化分系统调试以"站"为计量单位，指省、地、县调度端数据主站
SS52	二次系统安全防护分系统调试	站	YS5-90～YS5-103	二次系统安全防护分系统调试以"站"为计量单位，指省、地、县调度端数据主站
SS53	信息安全测评分系统调试	站	YS5-104～YS5-114	信息安全测评分系统调试以"站"为计量单位，指省、地、县调度端数据主站
SS54	安全稳定分系统调试	站	YS5-162～YS5-166	
SS55	机组自控装置复原调试	台	YS1-214～YS1-219	
SS56	四功能分散型控制系统调试	台	YS1-220～YS1-225	
SS57	电气分散型控制系统调试	台	YS1-226～YS1-231	
SS58	事故追忆、协调控制和AGC控制系统调试	台	YS1-232～YS1-237	
SS59	保护联锁及报警系统调试	台	YS1-238～YS1-243	
SS60	电液控制系统和旁路控制系统调试	台	YS1-244～YS1-249	
SS61	监视仪表系统调试	台	YS1-250～YS1-255	
SS62	显示系统调试	套	YS1-256	以设备"套"为单位计量
SS63	节油点火控制系统调试	台	YS1-257～YS1-261	
SS64	空冷控制系统调试	台	YS1-262～YS1-267	按直接空冷考虑，若工程为间接空冷系统，则相应调试项目根据直接空冷系统调试定额乘以系数0.45
SS65	机组附属设备及外围程序控制系统调试	台	YS1-268～YS1-273	

项目编码	项目名称	计量单位	参考定额编号	备注
SS66	脱硫控制系统调试	台	YS1-274～YS1-279	
SS67	脱硝控制系统调试	台	YS1-280～YS1-285	
SS68	补给水处理系统调试	台	YS1-286～YS1-291	1. 以机组"台"为计量单位 2. 补给水系统按配一阳一阴型为一套，一个工程（两台机组）三套计算。其中过滤器调试不包括活性失效复苏，机械过滤器、活性炭过滤器调试也执行本项定额。定额按强酸强碱除盐系统计算，增加弱酸弱碱系统时，定额乘以系数1.10。若采用沸腾床除盐系统，定额乘以系数1.05。采用双室双层床除盐系统，定额乘以系数1.20 3. 净水处理系统调试按一工程（两台机组）配置机械搅拌澄清池两套、重力式滤池两套计算。采用水力加速澄清池、压力式混合器、虹吸式滤池、空气擦洗滤池或其他形式滤池也执行本项定额
SS69	废水处理系统调试	台	YS1-292～YS1-297	以机组"台"为计量单位
SS70	加药、取样系统调试	台	YS1-298～YS1-303	以机组"台"为计量单位。如无制氢功能，仅氢气质量监督和配合充氢时，定额乘以系数0.93
SS71	化学碱洗	台	YS1-304～YS1-310	以机组"台"为计量单位。炉前系统及过热器碱洗执行炉本体碱洗定额
SS72	炉本体化学酸洗	台	YS1-311～YS1-324	1. 以机组"台"为计量单位 2. 炉前系统及过热器酸洗执行炉本体酸洗定额。硫酸酸洗执行盐酸酸洗定额。有机酸、EDTA炉本体酸洗执行柠檬酸酸洗定额 3. 采用锅炉本体点火方式酸洗时，定额乘以系数1.5
SS73	凝结水精处理系统调试	台	YS1-325～YS1-327	以机组"台"为计量单位。另加独立酸碱系统时，定额乘以系数1.2
SS74	EDI 设备系统调试	台	YS1-328；YS1-329	EDI 设备系统调试以设备"台"为单位计量
SS75	其他化学系统调试	台	YS1-330～YS1-335	以机组"台"为计量单位
SS76	再生水处理系统调试	台	YS1-336～YS1-341	以机组"台"为计量单位
SS77	反渗透、超滤系统调试	台	YS1-342～YS1-347	以机组"台"为计量单位
SS78	启动锅炉调试	台	YS1-348～YS1-353	
SS79	厂用、仪用空压机系统调试	台	YS1-354～YS1-359	
SS80	柴油发电机系统调试	台	YS1-360～YS1-365	
SS81	海水淡化系统调试	台	YS1-366～YS1-372	
SS82	燃机分系统调试	台	YS4-1～YS4-4	燃机调试仅指燃机本体调试
SS83	余热锅炉分系统调试	台	YS4-5～YS4-8	
SS84	燃机控制系统分系统调试	台	YS4-9～YS4-12	燃机控制系统调试仅限燃机厂家自配的控制系统调试
SS85	燃机电气变频启动分系统调试	台	YS4-13～YS4-15	

D.3.2 整套启动调试

项目编码	项目名称	计量单位	参考定额编号	备注
ST01	锅炉整套系统投运	台	YS2-1～YS2-6	
ST02	循环流化床锅炉整套启动调试	台	YS2-73～YS2-77	
ST03	热工信号及联锁保护校验	台	YS2-7～YS2-12	
ST04	点火及燃油系统试验	台	YS2-13～YS2-18	
ST05	安全阀校验及蒸汽严密性试验	台	YS2-19～YS2-24	
ST06	机组空负荷运行调试	台	YS2-25～YS2-30	
ST07	低负荷调试	台	YS2-31～YS2-36	
ST08	主要辅助设备及附属系统带负荷调整	台	YS2-37～YS2-42	
ST09	制粉系统热态调试	台	YS2-43～YS2-48	
ST10	燃烧调整	台	YS2-49～YS2-54	
ST11	机组带负荷试验	台	YS2-55～YS2-60	
ST12	机组甩负荷试验	台	YS2-61～YS2-66	
ST13	锅炉 168h（或 72h+24h）满负荷连续试运行	台	YS2-67～YS2-72	
ST14	汽轮机分系统投运	台	YS2-78～YS2-83	
ST15	主机冲转前检查（冷态启动）	台	YS2-84～YS2-89	
ST16	主机冲转、并网及空负荷技术指标控制调整	台	YS2-90～YS2-95	
ST17	发电机充氢及冷却系统运行	台	YS2-96～YS2-101	
ST18	超速试验	台	YS2-102～YS2-107	
ST19	主机带负荷调整试验	台	YS2-108～YS2-113	
ST20	汽轮机辅助设备及附属系统带负荷调整试验	台	YS2-114～YS2-119	
ST21	轴承及转子振动测量	台	YS2-120～YS2-125	
ST22	机组甩负荷试验	台	YS2-126～YS2-131	
ST23	带负荷热控自动投用试验	台	YS2-132～YS2-137	
ST24	汽机 168h（或 72h+24h）连续满负荷试运行	台	YS2-138～YS2-143	
ST25	发电机变压器组启动调试	台	YS2-144～YS2-149	
ST26	厂用电源系统试运	1. 台 2. 段	YS2-150～YS2-156	根据图示数量，以设备"台"、母线"段"为计量单位
ST27	发电厂监控系统调试	台	YS2-157～YS2-162	
ST28	电气 168h（或 72h+24h）满负荷连续试运行	台	YS2-163～YS2-168	
ST29	升压站试运	站	YS6-1～YS6-7	1. 定额按配置一台变压器考虑（不分双绕组或三绕组）。凡增加变压器时，增加的变压器每台定额乘以系数 0.2 2. 带线路高抗时，定额乘以系数 1.1 3. 串联补偿站按同电压等级变电站乘以系数 0.7

项目编码	项目名称	计量单位	参考定额编号	备注
ST30	升压站监控系统调试	站	YS6-8～YS6-14	1．定额按配置一台变压器考虑（不分双绕组或三绕组）。凡增加变压器时，增加的变压器每台定额乘以系数 0.2 2．带线路高抗时，定额乘以系数 1.1 3．串联补偿站按同电压等级变电站乘以系数 0.7
ST31	四功能分散型控制系统调试	台	YS2-169～YS2-174	
ST32	电气分散型控制系统调试	台	YS2-175～YS2-180	
ST33	事故追忆、协调控制和 AGC 控制系统调试	台	YS2-181～YS2-186	
ST34	保护联锁及报警系统调试	台	YS2-187～YS2-192	
ST35	电液控制及旁路控制系统调试	台	YS2-191～YS2-198	
ST36	监视仪表系统调试	台	YS2-190～YS2-204	
ST37	机组附属设备及外围程序控制系统调试	台	YS2-105～YS2-210	
ST38	热控 168h（或 72h+24h）满负荷连续试运行	台	YS2-221～YS2-216	
ST39	凝结水精处理系统调试	台	YS2-217～YS2-219	过滤器调试适用于覆盖过滤器、精密过滤器、电磁过滤器调试
ST40	汽水加药系统调试	台	YS2-220～YS2-225	
ST41	整套启动化学调试	台	YS2-226～YS2-231	
ST42	化学热工信号联锁保护及程控校验投运	台	YS2-232～YS2-237	
ST43	化学净水、补给水及废液排放系统调试	台	YS2-238～YS2-243	1．本项定额按一工程（两台机组）两套净水处理系统配置 2．补给水系统按配一阳一阴型为一套计算。定额按一个工程（两台机组）三套计算 3．定额按强酸强碱除盐系统计算。增加弱酸弱碱系统时，定额乘以系数 1.10 4．采用沸腾床除盐系统时，定额乘以系数 1.05 5．采用双室双层床除盐系统时，定额乘以系数 1.20
ST44	化学 168h（或 72h+24h）满负荷连续试运行	台	YS2-244～YS2-249	
ST45	脱硫整套启动调试	台	YS2-250～YS2-255	
ST46	脱硝整套启动调试	台	YS2-256～YS2-261	
ST47	燃机整套启动调试	台	YS4-16～YS4-19	燃机调试仅指燃机本体调试
ST48	余热锅炉整套启动调试	台	YS4-20～YS4-23	

D.3.3　特殊调试

项目编码	项目名称	计量单位	参考定额编号	备注
SU01	锅炉特殊调试		YS3-1～YS3-12	冷炉空气动力场试验若采用火花拍摄，定额乘以系数 2.0 根据工程实际确定具体清单、计量单位及工程量
SU02	汽轮机特殊调试		YS3-13～YS3-27	根据工程实际确定具体清单、计量单位及工程量
SU03	电气特殊调试		YS3-28～YS3-62	根据工程实际确定具体清单、计量单位及工程量
SU04	热控特殊调试		YS3-63～YS3-86	根据工程实际确定具体清单、计量单位及工程量
SU05	性能试验		YS3-87～YS3-218	根据工程实际确定具体清单、计量单位及工程量

第五章

案例分析

本章通过案例分析的形式，加深对清单计算规范的理解和应用，引导读者按步骤编制工程量清单，包括计算工程量，设置清单项目以及组价、调价等内容。本章主要包括招标工程量清单、最高投标限价与工程竣工结算三阶段表单编制的内容。为详细清晰地介绍全费用综合单价是如何根据2018年版电力建设工程定额和费用计算规定进行组价的，案例分析仅列举最高投标限价表单的编制，由于最高投标限价与投标报价所使用的表格相同，投标报价组价方法、编制步骤类似，在此不重复介绍。

由于版面有限，案例分析未将全部工程量与设计图纸给出，仅描述工程概况、特征、设计要求、设备材料甲乙供范围等内容，同时工程竣工结算仅列举几种经常发生的合同价款调整情况，实际工程中应根据具体工程进行编制。

一、建筑工程

（一）工程概况

1. 工程规模

（1）本工程为××电厂 2×1000MW 超超临界燃煤发电项目。工程所在地为安徽省。本标段为模拟工程主厂房部分区域建筑标段。

（2）本标段的施工范围主要包括主厂房本体基础结构、框架结构、运转层平台、地面及地下设施。

2. 工作范围及主要工程量

（1）区域施工范围内的基坑降水、支护、土方挖填、基础、结构、地面、楼面等。

（2）主要工程量。主厂房机械开挖土方 32 482.59m³ 运距 1km 以内、钢筋混凝土独立基础 2626.75m³、钢筋混凝土基础梁 275.5m³、钢筋混凝土独立基础与基础梁普通钢筋 319.84t、措施钢筋 3.2 t、钢筋混凝土框架 1615.00m³、普通钢筋 389.55t、措施钢筋 3.9t、钢结构梁 55.56t、钢结构柱 68.51t、汽机房中间层平台钢梁浇制板 3957.7m²、汽机房地下设施地面地砖面层 2456.57m²。

本标段采用包工包材料方式，除明确由招标人购买的本工程所需的材料、设备外，其他材料均由投标人购买。本工程采用初步设计阶段的清单计算规范进行招标。

3. 其他相关规定

本工程采用商品混凝土泵送浇注、混凝土标号为 C40 以下，按照地质报告坑槽明排水、创国家优质工程金奖增加费暂列 200 万元；汽机房地下设施地面地砖材料暂估单价 90 元/m²；专业工程暂估价中特殊消防工程暂定 400 万元；施工总包单位提供脚手架、水电服务，计日工普通工暂估 600 工日，计日工技术工暂估 300 工日；钢结构柱由招标人提供 68.51t，单价 6968.67 元/t。

按照以上资料编制初步设计阶段招标工程量清单。

（二）招标工程量清单编制

1. 编制步骤

（1）根据工程概况，编制"清单表–1　总说明"。

（2）编制"清单表–2　分部分项工程量清单"。

第一步：识图。根据平面图、剖面图，了解工程特点，计算工程量。

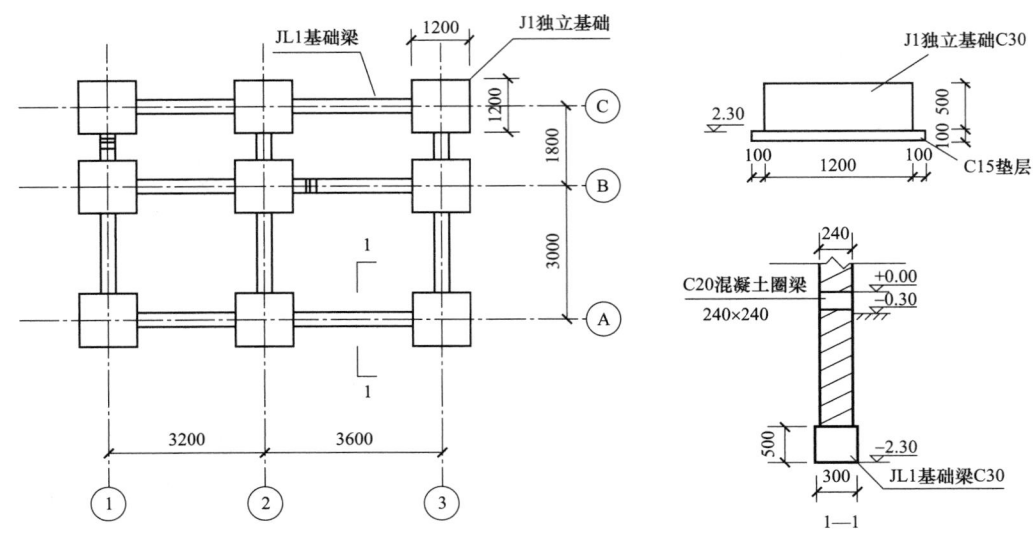

第二步：根据工程设计图和《电力建设工程工程量清单计算规范　火力发电工程》（DL/T 5369—2021）附录中列出的分部分项清单项目，编制"清单表–2　分部分项工程量清单"。

表 A.2　　　　　　　　　　　　　　　　　基础与地基处理工程

项目编码	项目名称	项目特征	计量单位	工程量计算规则	工作内容
CB02	独立基础	1. 基础材质 2. 混凝土强度等级 3. 混凝土种类	m³	按照基础体积计算。不计算垫层体积	1. 铺设垫层 2. 砌筑或浇制基础 3. 铁件制作、安装

1）项目编码前 6 位参考附录 E，表 E.1 中的项目编码+附录 A 中的项目编码 4 位+2 位顺序码，共 12 位。其中顺序码，由清单编制人根据拟建工程的工程量清单项目名称从"01"起编排，如燃煤建筑主辅生产工程主厂房本体基础结构中挖基坑土方，编码为 1AAAAA+CA03+01，共 6+4+2=12 位编码。按照编排规律，本系统中相同清单顺序码如挖土在热力系统中出现第一个挖土为 01，第二个挖土为 02，以此类推，燃料供应系统中出现第一个挖土为 01，第二个挖土为 02，以此类推，不应有重码。最后，将形成的 12 位编码填入"清单表–2　分部分项工程量清单"的"项目编码"内。

2）项目名称编制：由清单编制人根据拟建工程实际，初步设计阶段建筑按照附录 A 中的项目名称进行完善。

3）项目特征编制：由清单编制人根据拟建工程实际，初步阶段建筑按照附录 A 中的项目特征进行描述，如设计图纸规定独立基础混凝土采用商品混凝土、强度等级 C25，那么项目特征描述为：

> 1. 基础材质：混凝土
> 2. 混凝土强度等级：C25
> 3. 混凝土种类：商品混凝土

第三步：计算分部分项清单工程量（举例只计算钢筋混凝土独立基础工程量）。

钢筋混凝土独立基础 $V=1.2×1.2×0.5×9=6.48m^3$

将计算出的工程量填入"清单表–2　分部分项工程量清单"内。

清单表-2

分部分项工程量清单

工程名称：　　　　　　　　　　　　　　　　　　　　　　　　　　　　　　　标段：

序号	项目编码	项目名称	项目特征	计量单位	工程量	备注
	1AAAAACB0201	独立基础	1. 基础材质：混凝土 2. 混凝土强度等级：C40以下 3. 混凝土种类：商品混凝土	m³	6.48	

（3）编制"清单表-3　措施项目清单"。

第一步：找出《电力建设工程工程量清单计算规范　火力发电工程》（DL/T 5369—2021）附录中对应的清单项。

单价措施项目是指能够计算工程量的措施项目，是招标人根据拟建工程图纸、工程量计算规则和招标文件编制的，主要包括施工排水、降水、围护桩、围堰、脚手架工程、垂直运输及超高工程等措施项目。混凝土泵送增加费、清水混凝土增加费等容易漏项的费用，在单项措施项目中立项。值得注意的是，初步设计阶段清单项目均包括施工用脚手架安拆、水平运输、垂直运输、建筑物超高施工等工作内容，不单独设置单价措施项目。

第二步：编制总价措施项目清单。总价措施项目根据拟建工程的实际情况和工程量清单计算规范的要求进行编制，如地下设施建筑物的临时保护措施、周边沿线建（构）筑物的检测、保护及加固措施等内容。

第三步：根据上述工程量清单计算规范和本工程实际情况，编制"清单表-3　措施项目清单"。

清单表-3

措施项目清单

工程名称：　　　　　　　　　　　　　　　　　　　　　　　　　　　　　　　标段：

序号	项目编码	项目名称	项目特征	计量单位	工程量	备注
1		单价措施项目				
	1ARFAACQ0101	坑槽明排水	排水泵出口直径：100mm以内	套·天	1600	
2		总价措施项目				

（4）编制"清单表-4　其他项目清单"。

第一步：确定暂列金额数额。暂列金额实际上是一笔业主方的备用金，用于招标时对尚未确定或不可预见项目的储备金额。施工过程中业主有权依据工程进度的实际需要，用于施工或提供物资、设备以及技术服务等内容的开支，也可以作为供意外用途的开支。

暂列金额由招标人进行估算编制，可以仅列总额，也可以分项给出暂列金额。一般可以按分部分项工程量清单费的10%~15%为参考，但由于工程条件、技术水平、物价水平存在差异，还需根据工程实际情况进一步确定。

清单表-4.1

暂列金额明细表

工程名称：　　　　　　　　　　　　　　　　　　　　　　　　　　　　　　　标段：

序号	项目名称	计量单位	暂列金额	备注
	创国家优质工程金奖增加费	项	2 000 000	
	合计		2 000 000	

第二步：确定材料、工程设备暂估单价。材料、工程设备暂估价是指招标时不能确定价格而由招标人在招标文件中暂时估定的货物金额。对必然发生但在发包时不能合理确定价格设置暂估价，是顺利实施项

目的有效制度设计。

招标人可按以下条件界定暂估价的范围：①价值高、使用量大材料设备；②市场价格波动大的材料设备；③特殊性质要求、品牌要求的材料设备。价格可通过查询工程造价信息、参考已完施工工程材料设备价格、联系生产厂家或经销商进行询价等方式确定。

清单表-4.2

材料、工程设备暂估单价表

工程名称：
金额单位：元

序号	材料、工程设备名称	规格、型号	计量单位	单价（元）	备注
	汽机房地下设施地面　地砖		m²	90	

第三步：编制专业工程暂估价、施工总承包服务项目。若有专业工程、施工总承包服务项目则填写清单表格。

第四步：确定计日工。计日工适用于零星工作，一般是指合同约定之外或者因变更产生的、工程量清单中没有相应项目的额外工作。注意在暂估计日工数量时，根据工程大小情况确定合理的暂估数量，竣工结算时，按实际签证确定数量调整，全费用综合单价不变。

清单表-4.4

计日工表

工程名称：

序号	项目名称	计量单位	工程量	备注
一	人工			
1	普通工	工日	600	
2	技术工	工日	300	
二	材料			
三	施工机械			

第五步：以上内容汇入"清单表-4　其他项目清单"。

清单表-4

其他项目清单

工程名称：
标段：

序号	项目名称	计量单位	金额	备注
1	暂列金额	元	2 000 000	明细详见清单表-4.1
2	暂估价			
2.1	材料、工程设备暂估单价		—	明细详见清单表-4.2
2.2	专业工程暂估价	元	4 000 000	明细详见清单表-4.3
3	计日工			明细详见清单表-4.4
4	施工总承包服务项目			明细详见清单表-4.5
5	合同中约定的其他项目			

（5）编制"清单表-5　投标人采购材料及设备表"。此表中列出投标人采购的设备以及有品牌要求的材料。如有暂估价的，招标人需在备注栏中说明。

（6）编制"清单表-6　招标人采购材料及设备表"。此表中列出对招标人采购的材料明细，便于进行全费用综合单价组价；招标人采购的设备无需列出明细清单，总价可以在备注栏中列出。

××电厂 2×1000MW 超超临界燃煤发电项目工程

招 标 工 程 量 清 单

招 标 人：＿＿＿＿＿＿＿（盖章）＿＿＿＿＿

编 制 人：＿＿＿（造价专业人员签字或盖章）

20××年××月××日

工程名称：××电厂2×1000MW超超临界燃煤发电项目

标段名称： I标段建筑工程

招 标 工 程 量 清 单

编制人：____（造价专业人员签字或盖章）____

复核人：____（注册造价工程师签字或盖章）____

审定人：_____（签字或盖章）_____

编制单位：_____（盖章）_____

企业法定代表人或其授权人：__（签字或盖章）__

招标人：_____（签字或盖章）_____

企业法定代表人或其授权人：__（签字或盖章）__

编制时间：20××年××月××日

填 表 须 知

1 招标工程量清单应由具有编制能力的招标人或受其委托具有相应资质的电力工程造价咨询人编制和复核。

2 招标人提供的工程量清单的任何内容不应删除或涂改。

3 招标工程量清单格式的填写应符合下列规定：

1）招标工程量清单中所有要求签字、盖章的地方，应由规定的单位和人员签字、盖章。

2）总说明应按项目属性相应填写。

3）其他说明应按工程实际要求要求填写。

4）分部分项工程量清单按序号、项目编码、项目名称、项目特征、计量单位、工程量、备注等内容填写。

5）措施项目清单按序号、项目名称等内容填写。

6）其他项目清单按序号、项目名称等内容填写。

7）投标人采购材料及设备材料表按序号、材料设备名称、型号规格、计量单位、数量等内容填写。

8）招标人采购材料及设备表按序号、材料设备、型号规格、计量单位、数量交货地点及方式等内容填写。

4 如有需要说明其他事项可增加条款。

清单表-1

总说明

工程名称：

工程概况	工程名称	××电厂 2×1000MW 超超临界燃煤发电项目 I 标段建筑工程	建设性质	新建
	设计单位	××电力设计院	建设地点	安徽省

其他说明	1．××电厂 2×1000MW 超超临界燃煤发电项目 I 标段建筑工程部分热力系统土建工程。工程量清单编制依据： （1）《电力建设工程工程量清单计价规范》（DL/T 5745—2021）、《电力建设工程工程量清单计算规范　火力发电工程》（DL/T 5369—2021）； （2）工程招标文件； （3）设计图纸。 2．报价中的安全文明施工费、临时设施费，属非竞争性费用，按照《火力发电工程建筑预算编制与计算规定（2018 年版）》计取。 3．工程所需设备均由招标人提供（清单中列明的投标人采购设备除外），工程所需材料均由投标人提供（清单中列明的招标人采购材料除外）。 4．在措施项目中，投标人除按招标文件所列的常规措施项目报价外，尚需根据现场踏勘以及投标施工组织设计等情况自行增加措施项目并进行报价。如无相关报价，除招标文件另有说明外，结算时不调整。 5．创国家优质工程金奖增加费为暂列金额，按实际发生结算。 6．混凝土构件的工作内容除《电力建设工程量清单计算规范　火力发电厂工程》（DL/T 5369—2021）规定外，均不含钢筋，钢筋单独在每个单位工程后计列。 7．本工程混凝土按商品混凝土泵送考虑，混凝土泵送增加费在单价措施项目中列项，工程量为暂定量，结算时按实际量调整，综合单价不变。 8．本工程框架等外露部分混凝土采用清水混凝土，清水混凝土增加费在单价措施项目中列项，工程量为暂定量，结算时按实际量调整，综合单价不变。

清单表-2

分部分项工程量清单

工程名称：   标段：

序号	项目编码	项目名称	项目特征	计量单位	工程量	备注
	1A	建筑工程				
一		主辅生产工程				
（一）	1AA	热力系统				
1	1AAA	主厂房本体及设备基础				
1.1	1AAAA	主厂房本体				
1.1.1	1AAAAA	基础结构				
	1AAAAACA0301	土方施工	1．开挖方式：机械 2．基础类型：主厂房 3．挖土深度：6m 以内 4．弃土运距：1km 以内	m³	32 482.59	
	1AAAAACB0201	独立基础	1．基础材质：混凝土 2．混凝土强度等级：C40 以下 3．混凝土种类：商品混凝土	m³	2626.75	
	1AAAAACG0101	钢筋混凝土基础梁	1．混凝土强度等级：C40 以下 2．混凝土种类：商品混凝土 3．类型：主厂房	m³	275.500	
	1AAAAACG1601	普通钢筋	1．钢筋种类：HPB300、HRB335、HRB400 2．规格：ϕ10 以内或ϕ10 以外	t	319.840	
	1AAAAACG1701	措施钢筋	1．措施钢筋形式：钢筋 2．钢筋种类：HPB300、HRB335、HRB400 3．规格：ϕ10 以内或ϕ10 以外	t	3.200	
1.1.2	1AAAAB	框架结构				
	1AAAABCG0201	钢筋混凝土框架	1．混凝土强度等级：C40 以下 2．混凝土种类：商品混凝土 3．类型：主厂房	m³	1615.00	
	1AAAABCH0401	钢结构 钢梁	1．材质：Q235B、Q255、Q275、Q345B 2．探伤要求：无 3．类型：主厂房 4．运距：1km	t	55.560	
	1AAAABCH0301	钢结构 钢柱	1．材质：Q235B、Q255、Q275、Q345B 2．探伤要求：无 3．类型：主厂房 4．运距：1km	t	68.510	钢柱甲供
	1AAAABCG1602	普通钢筋	1．钢筋种类：HPB300、HRB335、HRB400 2．规格：ϕ10 以内或ϕ10 以外	t	389.550	

序号	项目编码	项目名称	项目特征	计量单位	工程量	备注
	1AAAABCG1702	措施钢筋	1．措施钢筋形式：钢筋 2．钢筋种类：HPB300、HRB335、HRB400 3．规格：$\phi10$ 以内或 $\phi10$ 以外	t	3.900	
	1AAAAACH1401	沉降观测标	1．材质：不锈钢 2．类型：沉降观测标	套	48	
1.1.4	1AAAAD	运转层平台				
	1AAAADCD0301	汽机房 中间层平台	1．类型：主厂房 2．结构形式：钢梁浇制混凝土板 3．混凝土强度等级：C40 以下 4．混凝土种类：商品混凝土	m²	3957.70	
	1AAAADCD0701	压型钢板底模	钢梁浇制混凝土板下铺设	m²	3957.70	
	1AAAADCG1603	普通钢筋	1．钢筋种类：HPB300、HRB335、HRB400 2．规格：$\phi10$ 以内或 $\phi10$ 以外	t	59.390	
	1AAAADCG1703	措施钢筋	1．措施钢筋形式：钢筋 2．钢筋种类：HPB300、HRB335、HRB400 3．规格：$\phi10$ 以内或 $\phi10$ 以外	t	0.590	
1.1.5	1AAAAE	地面及地下设施				
	1AAAAECC0101	汽机房地下设施	1．面层材质：地砖 2．踢脚线材质：地砖	m²	2456.57	地砖暂估单价

清单表-3

措施项目清单

工程名称：   标段：

序号	项目编码	项目名称	项目特征	计量单位	工程量	备注
1		单价措施项目				
1.1	1ARFAACQ0101	坑槽明排水	排水泵出口直径：100mm 以内	套·天	1600	
1.2		混凝土泵送增加费		m³	5000.00	
1.3		清水混凝土增加费		m³	2000.00	
2		总价措施项目				
		地下设施建筑物的临时保护措施		项	1	现场调研

清单表-4

其他项目清单

工程名称： 标段：

序号	项目名称	计量单位	金额	备注
1	暂列金额	元	2 000 000	明细详见清单表-4.1
2	暂估价			
2.1	材料、工程设备暂估单价		—	明细详见清单表-4.2
2.2	专业工程暂估价	元	4 000 000	明细详见清单表-4.3
3	计日工			明细详见清单表-4.4
4	施工总承包服务项目			明细详见清单表-4.5
5	合同中约定的其他项目			
	......			

注：合同中约定的其他项目可包含：招标人采购设备材料的二次转运及卸车保管费、建设场地征用及清理项费。

清单表-4.1

暂列金额明细

工程名称： 标段：

序号	项目名称	计量单位	暂列金额	备注
1	创国家优质工程金奖增加费	元	2 000 000	
合计			**2 000 000**	

注：此表由招标人填写，也可只列暂列金额总额，由投标人将上述暂列金额计入清单表-4 中。

清单表-4.2

材料、工程设备暂估单价表

工程名称： 金额单位：元

序号	材料、工程设备名称	规格、型号	计量单位	单价（元）	备注
1	汽机房地下设施地面　地砖		m²	90	

注：此表由招标人填写，编制最高投标限价和投标报价时，需将上述材料暂估价计入全费用综合单价。

清单表-4.3

专业工程暂估价表

工程名称：

序号	项目名称	主要工程内容	计量单位	工程量	金额（元）	备注
1	特殊消防工程		项	1	4 000 000	

注：此表由招标人填写，由投标人将上述专业工程暂估价计入清单表-4 中。

清单表–4.4

计日工表

工程名称：

序号	项目名称	计量单位	工程量	备注
一	人工			
1	普通工	工日	600	
2	技术工	工日	300	
二	材料			
1	细木工板	张	100	
2	竹笆 1000×2000	m²	200	
三	施工机械			
1	履带式单斗液压挖掘机 1m³	台班	50	
2	轮胎式起重机 20t	台班	80	

注：此表项目名称、工程量由招标人填写。编制最高投标限价时，单价由招标人按有关计价规定确定；投标时，单价由投标人自主报价。

清单表–4.5

施工总承包服务项目表

工程名称：

序号	工程名称	主要服务内容	金额（元）	备注
1	招标人发包专业工程			
	消防工程	提供脚手架、水电	4 000 000	

注：此表由招标人按工程实际情况填写，表中"金额"填写专业工程的发包费用。

清单表–5

投标人采购材料及设备表

工程名称：

序号	材料（设备）名称	型号规格	计量单位	数量	备注
1	主厂房玻璃钢防腐防爆轴流风机	FBT35-11 型，#4.5，α=25°，n=1450r/min，L= 5881m³/h，H=95Pa，电机：YBFa-7114，N=0.25kW	台	2	

注 1：此表由招标人填写，对投标人采购的设备及有品牌要求的材料，在此表中列出。如有暂估价的，招标人需在备注栏中说明。

注 2：若招标人对投标人采购的材料设备无要求的，可以不填写本表。

清单表–6

招标人采购材料及设备表

工程名称：

序号	材料（设备）名称	型号规格	计量单位	数量	单价（元）	交货地点及方式	备注
一	材料						
1	钢柱		t	68.67	6968.67	施工现场	不含税价

注 1：招标人采购的设备无需列出明细清单，总价可以在备注栏中列出。

注 2：本表未计列的材料均由投标人采购。

（三）最高投标限价编制

1．编制步骤

（1）按照上文提供的招标工程量清单，编制最高投标限价。

以钢筋混凝土独立基础为例，展示全费用综合单价组成。

最高投标限价表–4.1

工程量清单全费用综合单价分析表

工程名称：   金额单位：元

序号	项目编码	项目名称	计量单位	人工费	材机费	主要材料费		措施费			企业管理费	规费	利润	编制基准期价差	增值税	全费用综合单价
						材料费	其中：暂估价	措施费	其中：安全文明施工费	其中：临时设施费						
1	1AAAAACB0201	钢筋混凝土独立基础	m³	84.89	405.75			35.72	12.90	11.19	32.48	33.46	30.38	341.62	86.79	1051.09

编制最高投标限价时，可参考相应的电力建设工程定额，在本例中，钢筋混凝土独立基础可参考电力建设工程概算定额建筑册 GT2-8 定额子目，查定额中的人工费为 84.89 元；填入上表"人工费"中。查定额中材料费为 395.06 元，机械费为 10.69 元，则材机费=395.06+10.69=405.75 元，填入上表"材机费"中。上表主要材料费中的材料费建筑工程不填写，当有材料暂估单价时，填入到上表"其中：暂估价"中。措施费、企业管理费、规费、利润、编制基准期价差按照《火力发电工程建设预算编制与计算规定（2018 年版）》基数确定单价。措施费中冬雨季施工增加费，查安徽省为Ⅰ类地区取 0.55%、夜间施工增加费建筑取 0.36%、施工工具用具使用费建筑取 0.4%、大型机械进出场费取 0.85%，该费用只有热力系统才能够计取、临时设施费Ⅰ类地区取 2.28%、施工机构迁移费 1000MW 级机组取 0.21%，安全文明施工费火力发电取 2.63%，则措施费=（84.89+405.75）×（0.55+0.36+0.4+0.85+2.28+0.21+2.63）%=35.72 元，填入上表"措施费"中；安全文明施工费=（84.89+405.75）×2.63%=12.90 元，填入上表"其中：安全文明施工费中"；临时设施费=（84.89+405.75）×2.28%=11.19 元，填入上表"其中：临时设施费"中。企业管理费建筑工程费率为 6.62%，企业管理费=（84.89+405.75）×6.62%=32.48 元，填入上表"企业管理费"中。规费中安徽省社会保险费为 25.9%、公积金为 12%，规费=（84.89+405.75）×0.18×（25.9%+12%）=33.46 元，填入上表"规费"中。火力发电利润为 5.13%，利润=（直接费+间接费）×利润率=（84.89+405.75+35.72+32.48+33.46）×5.13%=30.38 元，填入上表"利润"中。编制基准期价差人工费调整：按《电力工程造价与定额管理总站关于发布 2018 版电力建设工程概预算定额 2020 年度价格水平调整的通知》（定额〔2021〕3 号）

规定的安徽省人工调整系数（建筑工程 4.49%）对建筑工程人工费进行调整，公式为人工费调整金额=84.89×4.49%=3.81 元；材料调整按照安徽省工程造价材料信息价调整；机械按照安徽省机械调整表详见下表。

定额编号	名称	单位	预算价	数量	合计	市场价	编制期基准期价差
GT2-8	**钢筋混凝土基础**	m³			**490.65**		**341.62**
一	人工费						
	建筑普通工	工日	70	0.7093	49.65	4.49%	2.23
	建筑技术工	工日	98	0.3596	35.24	4.49%	1.58
	人工费小计：	元			**84.89**		**3.81**
二	材料费				0.00		
	铁件钢筋	kg	3.246	1.1	3.57	4.43	1.30
	铁件型钢	kg	3.117	4.4	13.71	4.12	4.41
	现浇混凝土 C15-40 集中搅拌	m³	248.4	0.1807	44.89	529.13	50.73
	现浇混凝土 C25-40 集中搅拌	m³	275.05	1.0292	283.08	545.14	277.98
	隔离剂	kg	1.72	0.2455	0.42	1.89	0.04
	电焊条 J422 综合	kg	4.96	0.236	1.17	5.46	0.12
	对拉螺栓 M16	kg	6	0.4692	2.82		
	圆钉	kg	5.601	0.3103	1.74		
	聚氯乙烯塑料薄膜 0.5mm	m²	0.6	1.3301	0.80		
	氧气	m³	4.71	0.032	0.15	5.18	0.02
	乙炔气	m³	10.379	0.0139	0.14	11.42	0.01
	防锈漆	kg	9.353	0.0108	0.10	10.29	0.01
	水	t	4.1	0.4113	1.69	4.51	0.17
	通用钢模板	kg	4.726	4.0392	19.09	5.2	1.91
	木模板	m³	1621.771	0.0086	13.95	1783.95	1.39
	其他材料费	元	1	7.7500	7.75		
	材料费小计：	元			**395.07**		**338.09**
三	机械费						
	汽车式起重机　起重量 5t	台班	552.67	0.0052	2.87	554.34	0.01
	塔式起重机　起重力矩 2500kN·m	台班	5078.5	0.0001	0.51	5020.91	−0.01
	载重汽车　5t	台班	380.35	0.0071	2.70	370.85	−0.07
	载重汽车　8t	台班	445.99	0.0002	0.09	435.34	0.00
	电动单筒快速卷扬机　10kN	台班	167.56	0.0006	0.10	170.10	0.00
	单笼施工电梯　提升质量（t）1 提升高度 75m	台班	286.25	0.0001	0.03		
	卷扬机架（单笼 5t 以内）架高 40m 以内	台班	19.9	0.0006	0.01		
	混凝土振捣器（插入式）	台班	13.83	0.0785	1.09	13.55	−0.02
	混凝土振捣器（平台式）	台班	19.55	0.0117	0.23	19.27	0.00
	木工圆锯机　直径 500mm	台班	29.17	0.0056	0.16	27.49	−0.01
	摇臂钻床（钻孔直径 50mm）	台班	29.65	0.0003	0.01	28.96	0.00
	型钢剪断机　剪断宽度 500mm	台班	249.57	0.0001	0.02	251.66	0.00

定额编号	名称	单位	预算价	数量	合计	市场价	编制期基准期价差
	交流弧焊机　容量 21kVA	台班	67	0.0428	2.87	62.78	−0.18
	机械费小计：	元			**10.69**		**−0.28**

将上表中价差填入最高投标限价表–4.1 编制基准价差中，增值税按照国家规定取 9%，增值税=（直接费+间接费+利润+编制基准期价差）×9%＝（84.89+405.75+35.72+65.94+30.38+341.62）×9%＝86.79 元，填入最高投标限价表–4.1 增值税中，全费用综合单价=直接费+间接费+利润+编制基准期价差+增值税=84.89＋405.75+35.72+65.94+30.38+341.62+86.79=1051.09 元，填入最高投标限价表–4.1 全费用综合单价，这样就完成整个全费用综合单价计算步骤，其余全费用综合单价就按照上述方法计算。

（2）全费用综合单价计算后，根据招标工程量清单及全费用综合单价，可以得到分部分项工程计价表和分部分项工程汇总表。

（3）混凝土泵车增加费与清水混凝土增加费编制。

混凝土泵车增加费与清水混凝土增加费一般不计入在混凝土综合单价中，这笔费用往往会漏掉，因此将这笔费用在措施项目清单计价表中列出，便于操作。

最高投标限价表–4.1

工程量清单全费用综合单价分析表

工程名称：

金额单位：元

序号	项目编码	项目名称	计量单位	全费用综合单价组成											全费用综合单价
				人工费	材机费	主要材料费		措施费			企业管理费	规费	利润	编制基准期价差	增值税	
						材料费	其中：暂估价	措施费	其中：安全文明施工费	其中：临时设施费						
1		混凝土泵送增加费	m³	−10.60	27.40			1.22	0.44	0.38	1.11	1.15	1.04		1.92	23.24
2		清水混凝土增加费	m³	29.70	69.00			7.19	2.60	2.25	6.53	6.53	6.73		11.27	136.53

将上表中全费用综合单价填入"最高投标限价–7"中。

最高投标限价–7

措施项目清单计价表

工程名称：

金额单位：元

序号	项目名称	项目特征	计量单位	工程量	单价				合价				备注
					全费用综合单价	其中			合计	其中			
						人工费	材料费	机械费		人工费	材料费	机械费	
1	单价措施项目												
1.1	混凝土泵送增加费		m³	5000	23.24	−10.60	18.90	8.50	116 200	−53 000	94 500	42 500	
1.2	清水混凝土增加费		m³	2000	136.54	29.70	69.00		273 080	59 400	138 000		

工程量按照招标清单的暂估量，竣工结算时按实际量调整，全费用综合单价不变。

（4）编制最高投标限价汇总表，按《电力建设工程工程量清单计价规范》（DL/T 5745—2021）规定格式填写。

2. 最高投标限价表格

最高投标限价封–1.1

××电厂 2×1000MW 超超临界燃煤发电项目工程

最 高 投 标 限 价

招标人：＿＿＿＿＿＿＿＿＿＿＿＿＿＿＿
　　　　　　（单位盖章）

法定代表人
或其授权人：＿＿＿＿＿＿＿＿＿＿＿＿＿＿
　　　　　　　　（签字或盖章）

工程造价
咨询人：＿＿＿＿＿＿＿＿＿＿＿＿＿＿＿
　　　　　（单位资质专用章）

法定代表人
或其授权人：＿＿＿＿＿＿＿＿＿＿＿＿＿＿
　　　　　　　　（签字或盖章）

编制人：＿＿＿＿＿＿＿＿＿＿＿＿＿＿＿
　　　　　（签字、盖专用章）

复核人：＿＿＿＿＿＿＿＿＿＿＿＿＿＿＿
　　　　　（签字、盖执业专用章）

编制时间：20××年××月××日

复核时间：20××年××月××日

填 表 须 知

1 最高投标限价应由具有编制能力的招标人或受其委托的电力工程造价咨询人编制和复核。

2 工程量清单计价格式中的任何内容不应删除或涂改。

3 工程量清单计价格式中列明的所有需要填报的单价和合价，招标人均应填报。

4 金额（价格）以人民币"元"为单位，单价保留小数点后两位，合价取整数。

5 工程量清单计价格式的填写应符合下列规定：

1）工程量清单计价格式中所有要求签字、盖章的地方，应由规定的单位和人员签字、盖章。编制人是指电力工程造价专业的人员。

2）工程项目最高投标限价/投标报价表的分部分项工程费、投标人采购设备费、措施项目费、其他项目费应按相应工程项目费用汇总表中合计栏的金额填写。

3）编制说明应包括：工程概况、编制依据以及其他需要说明的问题。

4）分部分项工程量清单计价表的序号、项目编码、项目名称、项目特征、计量单位、工程量应按分部分项工程量清单中的相应内容填写，全费用综合单价应本标准的要求计算，填入表格。

5）招标人采购材料（设备）计价表应按招标人提供招标人采购材料（设备）表进行计算填写，所填写的单价应与工程量清单中采用的相应单价一致。

6）措施项目清单计价表招标人应按招标文件已列的措施项目填写。

7）计日工计价表中人工、材料、机械名称、计量单位和相应数量应按计日工表中相应的内容填写，工程竣工后，计日工工作费应按实际完成的工程量所需费用结算。

8）如有需要说明的其他事项可增加条款。

最高投标限价表-1

最高投标限价编制说明

工程名称：

1．编制依据
1.1　国家能源局发布的《电力建设工程工程量清单计价规范》（DL/T 5745—2021）。
1.2　国家能源局发布的《电力建设工程工程量清单计算规范　火力发电工程》（DL/T 5369—2021）。
1.3　招标文件。
1.4　招标工程量清单。

2．编制方法
　2.1　工程量按照业主提供的招标工程量清单。
　2.2　采用《火力发电工程建设预算编制与计算规定（2018年版)》。
　2.3　工程取费按照1000MW新建工程、Ⅰ类地区取费。
　2.4　全费用综合单价参考《电力建设工程概算定额（2018年版）第一册　建筑工程》、不足部分按照《电力建设工程预算定额（2018年版）第一册　建筑工程》进行编制。
　2.5　定额价格水平调整：按《电力工程造价与定额管理总站关于发布2018版电力建设工程概预算定额2020年度价格水平调整的通知》（定额〔2021〕3号）执行。
　2.6　主要材料调整执行电力定额总站规定的品种，单价按照安徽省二〇二一年一月份建设工程造价材料信息价调整，材料价差只计取税金，计入综合单价中。

最高投标限价表–2

工程项目最高投标限价汇总表

工程名称：

序号	项目或费用名称	金额（元）	备注
1	分部分项工程量费	16 954 576	
	其中：暂估价材料费	221 091	
	其中：安全文明施工费、临时设施费	516 999	
2	投标人采购设备费	70 000	
3	措施项目费	2 283 648	
4	其他项目费	6 530 600	
4.1	其中：计日工	450 600	
4.2	其中：专业工程暂估价	4 000 000	
4.3	其中：暂列金额	2 000 000	
最高投标限价合计=1+2+3+4		**25 838 824**	

最高投标限价表–3

分部分项工程费用汇总表

工程名称：

金额单位：元

序号	项目或费用名称	金额				备注
		合计	其中：人工费	其中：暂估价材料费	其中：安全文明施工费、临时设施费	
	建筑工程					
一	主辅生产工程	**16 954 576**	**2 054 109**	**221 091**	**516 999**	
（一）	热力系统	**16 954 576**	**2 054 109**	**221 091**	**516 999**	
1	主厂房本体及设备基础	**16 954 576**	**2 054 109**	**221 091**	**516 999**	
1.1	主厂房本体	**16 954 576**	**2 054 109**	**221 091**	**516 999**	
1.1.1	基础结构	6 950 947	957 064		201 884	
1.1.2	框架结构	6 322 402	662 655		211 432	
1.1.3	运转层平台	2 049 721	239 731		61 946	
1.1.4	地面及地下设施	1 631 506	194 659	221 091	41 737	
合计		**16 954 576**	**2 054 109**	**221 091**	**516 999**	

分部分项工程量清单计价表

工程名称：　　　　　　　　　　　　　　　　　　　　　　　　　　　　　　　　　　　　金额单位：元

序号	项目编码	项目名称	项目特征	计量单位	工程量	全费用综合单价 单价	人工费	材机费	其中: 主要材料费 材料费	其中:暂估价	安全文明施工费、临时设施费	合计 合计	人工费	材机费	其中: 主要材料费 材料费	其中:暂估价	安全文明施工费、临时设施费
	1A	建筑工程										16 954 576	2 054 109	8 476 851	221 091		516 999
一		主辅生产工程										16 954 576	2 054 109	8 476 851	221 091		516 999
（一）	1AA	热力系统										16 954 576	2 054 109	8 476 851	221 091		516 999
1	1AAA	主厂房本体及设备基础										16 954 576	2 054 109	8 476 851	221 091		516 999
1.1	1AAAA	主厂房本体										6 950 947	957 064	3 156 519			201 884
1.1.1	1AAAAA	基础结构															
	1AAAAACA0301	土方施工	1. 开挖方式：机械 2. 基础类型：主厂房 3. 挖土深度：6m 以内 4. 弃土运距：1km 以内	m³	32 482.59	45.33	15.93	16.51			1.59	1 472 436	517 448	536 288			51 647
	1AAAAACB0201	独立基础	1. 基础材质：混凝土 2. 混凝土强度等级：C40 以下 3. 混凝土种类：商品混凝土	m³	2626.75	1051.09	84.89	405.75			24.09	2 760 951	222 985	1 065 804			63 278
	1AAAAACG0101	钢筋混凝土基础梁	1. 混凝土强度等级：C40 以下 2. 混凝土种类：商品混凝土 3. 类型：主厂房	m³	275.50	1128.48	184.90	394.28			28.44	310 896	50 940	108 624			7835

序号	项目编码	项目名称	项目特征	计量单位	工程量	全费用综合单价 单价	人工费	材机费	主要材料费 材料费	其中:暂估价	安全文明施工费、临时设施费	合计 合计	人工费	材机费	主要材料费 材料费	其中:暂估价	安全文明施工费、临时设施费
	1AAAAACG1601	普通钢筋	1. 钢筋种类：HPB300、HRB335、HRB400 2. 规格：φ10以内或φ10以外	t	319.840	7449.51	511.76	4478.50			245.02	2 382 651	163 681	1 432 403			78 367
	1AAAAACG1701	措施钢筋	1. 措施钢筋形式：钢筋 2. 钢筋种类：HPB300、HRB335、HRB400 3. 规格：φ10以内或φ10以外	t	3.200	7504.18	628.02	4187.44			236.44	24 013	2010	13 400			757
1.1.2	1AAAAB	框架结构										6 322 402	662 655	3 643 462			211 432
	1AAAAABCG0201	钢筋混凝土框架	1. 混凝土强度等级：C40以下 2. 混凝土种类：商品混凝土 3. 类型：主厂房	m³	1615.00	1596.20	276.74	595.93			42.85	2 577 863	446 935	962 427			69 203
	1AAAAABCH0401	钢结构 梁	1. 材质：Q235B、Q255、Q275、Q345B 2. 探伤要求：无 3. 类型：主厂房 4. 运距：1km	t	55.560	10 840.57	94.91	7207.36			358.54	602 302	5273	400 441			19 920
	1AAAAABCH0301	钢结构 柱	1. 材质：Q235B、Q255、Q275、Q345B 2. 探伤要求：无 3. 类型：主厂房 4. 运距：1km	t	68.510	2926.36	79.68	7522.21			373.25	200 485	5459	515 347			25 571

序号	项目编码	项目名称	项目特征	计量单位	工程量	全费用综合单价						合计					
						单价	其中					合计	其中				
							人工费	材机费	主要材料费		安全文明施工费、临时设施费		人工费	材机费	主要材料费		安全文明施工费、临时设施费
									材料费	其中:暂估价					材料费	其中:暂估价	
	1AAAABCG1602	普通钢筋	1. 钢筋种类:HPB300、HRB335、HRB400 2. 规格:φ10以内或φ10以外	t	389.550	7449.51	511.76	4478.50			245.02	2 901 957	199 356	1 744 600			95 448
	1AAAAACG1702	措施钢筋	1. 措施钢筋形式:钢筋 2. 钢筋种类:HPB300、HRB335、HRB400 3. 规格:φ10以内或φ10以外	t	3.900	7504.18	628.02	4187.44			236.44	29 266	2449	16 331			922
	1AAAAACH1401	沉降观测标	1. 材质:不锈钢 2. 类型:沉降观测标	套	48	219.35	66.31	89.92			7.67	10 529	3183	4316			368
1.1.4	1AAAAD	运转层平台										2 049 721	239 731	1 021 678			61 946
	1AAAADCD0301	汽机房中间层平台同层平台	1. 类型:主厂房 2. 结构形式:钢梁浇制混凝土板 3. 混凝土强度等级:C40以下 4. 混凝土种类:商品混凝土	m²	3957.70	312.33	52.80	128.17			8.89	1 236 108	208 967	507 258			35 184

序号	项目编码	项目名称	项目特征	计量单位	工程量	全费用综合单价						合计					
						单价	人工费	材机费	主要材料费 材料费	其中:暂估价	安全文明施工费、临时设施费	合计	人工费	材机费	主要材料费 材料费	其中:暂估价	安全文明施工费、临时设施费
	1AAAADCD0701	压型钢板底模	钢梁浇制混凝土板下铺设	m²	3957.70	92.67		62.15			3.05	366 760		245 971			12 071
	1AAAADCD0702	普通钢筋	1. 钢筋种类：HPB300、HRB335、HRB400 2. 规格：φ10以内或φ10以外	t	59.390	7449.51	511.76	4478.50			245.02	442 426	30 393	265 978			14 552
	1AAAADCD0703	措施钢筋	1. 措施钢筋形式：钢筋 2. 钢筋种类：HPB300、HRB335、HRB400 3. 规格：φ10以内或φ10以外	t	0.590	7504.18	628.02	4187.44			236.44	4427	371	2471			139
1.1.5	1AAAAE	地面及地下设施										1 631 506	194 659	655 192	221 091	221 091	41 737
	1AAAAECC0101	汽机房地下设施	1. 面层材质：地砖 2. 踢脚线材质：地砖	m²	2456.57	664.14	79.24	266.71	90.00		16.99	1 631 506	194 659	655 192	221 091	221 091	41 737
		合计										16 954 576	2 054 109	8 476 851	221 091	221 091	516 999

最高投标限价表—4.1

工程量清单全费用综合单价分析表

工程名称：

金额单位：元

序号	项目编码	项目名称	计量单位	人工费	材机费	主要材料费 材料费	其中：暂估价	措施费 措施费	其中：安全文明施工费	其中：临时设施费	企业管理费	规费	利润	编制基准期价差	增值税	全费用综合单价 综合单价
一	1A	建筑工程														
（一）	1AA	主辅生产工程														
1	1AAA	热力系统														
1.1	1AAAA	主厂房本体及设备基础														
1.1.1	1AAAAA	主厂房本体														
		基础结构														
	1AAAAACA0301	土方施工	m³	15.93	16.51			2.36	0.85	0.74	2.15	2.21	2.01	0.42	3.74	45.33
	1AAAAACB0201	独立基础	m³	84.89	405.75			35.72	12.90	11.19	32.48	33.46	30.38	341.62	86.79	1051.09
	1AAAAACG0101	钢筋混凝土基础梁	m³	184.90	394.28			42.16	15.23	13.21	38.34	39.50	35.87	300.25	93.18	1128.48
	1AAAAACG1601	普通钢筋	t	511.76	4478.50			363.29	131.24	113.78	330.36	340.34	309.04	501.12	615.10	7449.51
	1AAAAACG1701	措施钢筋	t	628.02	4187.44			350.57	126.65	109.79	318.78	328.41	298.22	773.13	619.61	7504.18
1.1.2	1AAAAB	框架结构														

序号	项目编码	项目名称	计量单位	全费用综合单价组成												全费用综合单价
				人工费	材机费	主要材料费		措施费			企业管理费	规费	利润	编制基准期价差	增值税	
						材料费	其中:暂估价	措施费	其中:安全文明施工费	其中:临时设施费						
	1AAAABCG0201	钢筋混凝土框架	m³	276.74	595.93			63.53	22.95	19.90	57.77	59.52	54.04	356.87	131.80	1596.20
	1AAAABCH0401	钢结构 钢梁	t	94.91	7207.36			531.61	192.05	166.49	483.41	498.01	452.22	677.96	895.09	10840.57
	1AAAABCH0301	钢结构 钢柱	t	79.68	7522.21			553.42	199.93	173.32	503.25	518.45	470.78	-6963.06	241.63	2926.36
	1AAAABCG1602	普通钢筋	t	511.76	4478.50			363.29	131.24	113.78	330.36	340.34	309.04	501.12	615.10	7449.51
	1AAAAACG1702	措施钢筋	t	628.02	4187.44			350.57	126.65	109.79	318.78	328.41	298.22	773.13	619.61	7504.18
	1AAAAACH1401	沉降观测标	套	66.31	89.92			11.37	4.11	3.56	10.34	10.65	9.67	2.98	18.11	219.35
1.1.3	1AAAAD	运转层平台		0.00	0.00			0.00	0.00	0.00	0.00	0.00	0.00	0.00	0.00	0.00
	1AAAADCD0301	汽机房 中间层平台	m²	52.80	128.17			13.17	4.76	4.13	11.98	12.34	11.21	56.87	25.79	312.33
	1AAAADCD0701	压型钢板底模	m²	0.00	62.15			4.52	1.63	1.42	4.11	4.24	3.85	6.15	7.65	92.67
	1AAAAE	普通钢筋	t	511.76	4478.50			363.29	131.24	113.78	330.36	340.34	309.04	501.12	615.10	7449.51
	1AAAAECC0101	措施钢筋	t	628.02	4187.44			350.57	126.65	109.79	318.78	328.41	298.22	773.13	619.61	7504.18
1.1.4	1AAAAE	地面及地下设施														
	1AAAAECC0101	汽机房地下设施	m²	79.24	266.71		90.00	25.19	9.10	7.89	22.90	23.59	21.42	170.25	54.84	664.14

注1: 材机费=消耗性材料+机械费。

注2: 措施费:按费率计取。

注3: 在安装工程中计列施工企业配合调试费。

最高投标限价表–5

投标人采购材料计价表

工程名称：

金额单位：元

序号	材料名称	型号规格	计量单位	数量	单价	合价	备注
1	圆钢ϕ10以下		kg	123 386.45	4.43	546 602	
2	圆钢ϕ10以上		kg	702 747.9	4.43	3 113 173	
3	预埋铁件		kg	69 259.06	5.69	394 084	
4	中砂		m^3	65.59	281.25	18 447	
5	碎石		m^3	367.26	233.01	85 575	
6	木材		m^3	10.000	1826.00	18 260	
7	型钢		kg	3099.37	3.94	12 212	
8	加工铁件		kg	444.72	6.34	2820	
9	通用钢模板		kg	31 621.25	5.20	164 431	
10	木模板		m^3	61.12	1783.95	109 035	
合计						4 464 639	

注1：招标文件提供了暂估单价的材料，按暂估的单价填入表内单价栏中。

注2：招标人对投标人采购材料有品牌要求的，以及合同约定可调价的材料。

最高投标限价表–6

投标人采购设备计价表

工程名称：

金额单位：元

序号	设备名称	型号规格	计量单位	数量	单价	合价	备注
1	主厂房玻璃钢防腐防爆轴流风机	FBT35-11型，#4.5，$\alpha=25°$，$n=1450r/min$，$L=5881m^3/h$，$H=95Pa$，电机：YBFa-7114，$N=0.25kW$	台	2	35 000.00	70 000	
合计						70 000	

注：招标文件提供了暂估单价的设备，按暂估的单价填入表内单价栏中。

最高投标限价表－7

措施项目清单计价表

工程名称：

金额单位：元

序号	项目名称	项目特征	计量单位	工程量	综合单价 全费用	单价 其中			合计	合价 其中			备注
						人工费	材料费	机械费		人工费	材料费	机械费	
1	单价措施项目												
1.1	坑槽明排水	排水泵出口直径：100mm 以内	套天	1600	558.98	187.63	19.25	197.74	894 368	300 208	30 800	316 384	
1.2	混凝土泵送增加费		m³	5000	23.24	-10.60	18.90	8.50	116 200	-53 000	94 500	42 500	
1.3	清水混凝土增加费		m³	2000	136.54	29.70	69.00		273 080	59 400	138 000		
	小计：								1 283 648	306 608	263 300	358 884	
2	总价措施项目												
	地下设施建筑物的临时保护措施		项	1	1 000 000	300 000	600 000	100 000	1 000 000	300 000	600 000	100 000	
	小计：								1 000 000	300 000	600 000	100 000	
3	投标人增列项目												
	合计：								2 283 648	606 608	863 300	458 884	

注：本表适用于以全费用综合单价形式计价的措施项目；若需要人、材、机组成表及全费用综合单价分析表，可以参照最高投标限价/投标报价 4.1，最高投标限价/投标报价投标报价表

4.2：投标人增列措施项目仅在投标报价时采用。

129

最高投标限价表-8

其他项目清单计价表

工程名称：   金额单位：元

序号	项目名称	计量单位	金额	备注
一	招标人已列项目			
1	暂列金额	元	2 000 000	明细详见最高投标限价-8.1
2	暂估价	元	4 000 000	
2.1	材料、工程设备暂估单价		—	
2.2	专业工程暂估价	元	4 000 000	明细详见最高投标限价-8.3
3	计日工	元	450 600	明细详见最高投标限价-8.4
4	施工总承包服务费计价	元	80 000	明细详见最高投标限价-8.5
5	其他			
	小计		6 530 600	
二	投标人增列项目			
	小计			
	合计		**6 530 600**	

注1：投标人增列项目费仅在投标报价时采用。

注2：材料、工程设备暂估单价不填写金额，不计入小计、合计。

最高投标限价表-8.1

暂列金额明细表

工程名称：   金额单位：元

序号	项目名称	计量单位	暂列金额	备注
1	创国家优质工程金奖增加费	项	2 000 000	
	合计		**2 000 000**	

注：此表按招标文件内容填写并计入最高投标限价/投标报价表-8中。

最高投标限价表-8.2

材料、工程设备暂估单价表

工程名称：   金额单位：元

序号	材料、工程设备名称、规格、型号	计量单位	单价	备注
1	汽机房地下设施地面　地砖	m^2	90	

最高投标限价表-8.3

专业工程暂估价表

工程名称：   金额单位：元

序号	工程名称	工作内容	金额	备注
1	消防工程		4 000 000	
	合计		**4 000 000**	

注：此表按招标文件内容填写并计入最高投标限价表-8 中。

最高投标限价表-8.4

计日工表

工程名称：   金额单位：元

序号	项目名称	计量单位	工程量	全费用综合单价	合价	备注
一	人工					
1	普通工	工日	600	150	90 000	
2	技术工	工日	300	260	84 000	
	人工小计				**174 000**	
二	材料					
1	细木工板	张	100	150	15 000	
2	竹笆 1000×2000	m²	200	18	3600	
	材料小计				**18 600**	
三	施工机械					
1	履带式单斗液压挖掘机 1m³	台班	50	1800	90 000	
2	轮胎式起重机 20t	台班	80	2100	168 000	
	施工机械小计				**258 000**	
	合计				**450 600**	

注：此表项目名称、数量按招标文件内容填写。编制最高投标限价时，单价按电力行业有关计价规定确定；投标时，单价由投标人自主报价，汇总计入最高投标限价表-8 其他项目清单计价表。

最高投标限价表-8.5

施工总承包服务费计价表

工程名称：   金额单位：元

序号	项目名称	取费基数	服务内容	费率（%）	金额	备注
1	消防工程	4 000 000	提供脚手架、水电	2	80 000	
	合计				**80 000**	

注：此表的取费基数、服务内容按招标文件内容规定填写。

最高投标限价表-9

招标人采购材料表

工程名称：　　　　　　　　　　　　　　　　　　　　　　　　　　　　　金额单位：元

序号	材料名称	型号规格	计量单位	数量	单价	备注
1	钢柱		t	68.67	6968.67	不含税价

注：招标人采购材料费按招标文件内容填写。

最高投标限价表-10

主要工日价格表

工程名称：　　　　　　　　　　　　　　　　　　　　　　　　　　　　　金额单位：元

序号	工种	单位	数量	单价
1	建筑普通工	工日	17 390.45	70
2	建筑技术工	工日	4894.56	98

最高投标限价表-11

主要机械台班价格表

工程名称：　　　　　　　　　　　　　　　　　　　　　　　　　　　　　金额单位：元

序号	机械设备名称	单位	数量	单价
1	履带式推土机　功率 75kW	台班	45.48	745.79
2	轮胎式装载机　斗容量 2m³	台班	38.98	709.18
3	履带式单斗液压挖掘机　斗容量 1m³	台班	71.46	1096.27
4	电动夯实机　夯击能量 250N·m	台班	793.04	28.93
5	履带式起重机　起重量 15t	台班	0.49	714.8
6	履带式起重机　起重量 25t	台班	2.48	798.62
7	履带式起重机　起重量 150t	台班	5.57	5061.35
8	汽车式起重机　起重量 5t	台班	68.14	552.67
9	汽车式起重机　起重量 8t	台班	23.56	655.69
10	汽车式起重机　起重量 25t	台班	0.98	1122.92
11	门式起重机　起重量 20t	台班	3.19	606.25
12	塔式起重机　起重力矩 2500kN·m	台班	7.40	5078.5
13	载重汽车　5t	台班	136.46	380.35
14	载重汽车　6t	台班	427.68	395.92
15	载重汽车　8t	台班	3.11	445.99
16	自卸汽车　12t	台班	441.76	768.06

序号	机械设备名称	单位	数量	单价
17	平板拖车组　20t	台班	1.79	943.86
18	平板拖车组　40t	台班	2.23	1276.88
19	电动单筒快速卷扬机　10kN	台班	18.02	167.56
20	电动单筒慢速卷扬机　50kN	台班	40.47	181.65
21	混凝土振捣器（插入式）	台班	547.73	13.83
22	混凝土振捣器（平台式）	台班	50.63	19.55
23	钢筋弯曲机　直径　40mm	台班	221.71	27.63
24	木工圆锯机　直径　500mm	台班	48.48	29.17
25	摇臂钻床（钻孔直径　50mm）	台班	3.37	29.65

注：仅计列招标文件约定可调价范围的施工机械。

（四）竣工结算编制

1. 背景

假设上述最高投标限价案例为合同价，该工程经竣工验收合格后投运，施工单位办理结算时提出若干调整合同价款的理由，经建设单位审核后同意以下情况可调整价款。

（1）根据合同约定，施工图量差（即施工图工程量与合同工程量之差）调整：以"合同工程量及报价明细表"中给定的数量作为计算工程量差的依据，施工图工程量与招标工程量之间的量差结算时予以调整，经建设单位、监理、施工单位三方确认，实际计算工程量进入结算。

如：主厂房土方工程量为 35 730.85m³、钢筋混凝土独立基础为 2889.43m³、普通钢筋 351.82t 等，与合同签订时工程量分别增加了：主厂房土方为 3248.26m³、钢筋混凝土独立基础为 262.68m³、普通钢筋制为 31.98t 等，具体工程量变化情况详见"结算计价表–4　分部分项工程量清单结算汇总对比表"。

（2）根据建设单位的要求，新增复杂地面面层采用花岗石板 78m²，已由设计院下发设计变更单，复杂地面花岗石板面层单价经建设单位、监理审核为 893.27 元/m²，因原合同中没有复杂地面花岗石板面层综合单价，需编制新的清单项目综合单价，详见"结算计价表–4.2　工程量清单全费用综合单价分析表"。

（3）招标文件中混凝土泵送增加费暂定工程量 5000m³，经建设单位、监理单位确认，实际发生 7296.68m³，清水混凝土增加费暂定工程量 2000m³，经建设单位、监理单位确认，实际发生 1824.17m³，全费用综合单价不变，按照投标时综合单价。

（4）招标文件上暂估材料单价地面地砖 90 元/m²，现确认价格为 145 元/m²。

（5）招标文件中暂列金额为 200 万元创国家优质工程金奖增加费，经建设单位、监理单位确认，实际发生 180 万元。

（6）招标文件中专业工程暂估价为 400 万元消防工程费，经建设单位、监理单位确认，实际为 350 万元。

（7）招标文件中计日工建筑普通工 600 工日、建筑技术工 300 工日、细木工板 100 张、竹笆 200m²、履带式单斗液压挖掘机 1m³ 50 台班、轮胎式起重机 20t 80 台班，经建设单位、监理单位确认，实际为建筑普通工 700 工日、建筑技术工 280 工日、细木工板 120 张、竹笆 230m²、履带式单斗液压挖掘机 1m³ 30 台班、轮胎式起重机 20t 90 台班。

（8）根据合同约定人工超过±5%（不含±5%）的部分，超过部分给予调整；材料超过±5%（不含±5%）的部分，超过部分给予调整；机械超过±10%（不含±10%）的部分，超过部分给予调整，合同履行期间，物价出现波动，经建设单位、监理单位确认，调整金额计入"结算计价表–8.6　人工、材料（设备）、机械台班价格调整计价表"。

2. 竣工结算部分表单

结算计价封–1

××电厂2×1000MW超超临界燃煤发电项目工程

竣 工 结 算 总 价

签约合同价（小写）：25 838 824   （大写）：贰仟伍佰捌拾叁万捌仟捌佰贰拾肆

竣工结算价（小写）：29 027 365   （大写）：贰仟玖佰零贰万柒仟叁佰陆拾伍元

发包人：＿＿＿＿＿＿＿＿＿＿＿＿＿＿　　法定代表人
　　　　　　（单位盖章）　　　　　　或其授权人：＿＿＿＿＿＿＿＿＿＿＿＿＿
　　　　　　　　　　　　　　　　　　　　　　　　　（签字或盖章）

承包人：＿＿＿＿＿＿＿＿＿＿＿＿＿＿　　法定代表人
　　　　　　（单位盖章）　　　　　　或其授权人：＿＿＿＿＿＿＿＿＿＿＿＿＿
　　　　　　　　　　　　　　　　　　　　　　　　　（签字或盖章）

工程造价　　　　　　　　　　　　　　　法定代表人
咨询人：＿＿＿＿＿＿＿＿＿＿＿＿＿　　或其授权人：＿＿＿＿＿＿＿＿＿＿＿＿＿
　　　　　（单位资质专用章）　　　　　　　　　　　（签字或盖章）

编制人：＿＿＿＿＿＿＿＿＿＿＿＿＿　　核对人：＿＿＿＿＿＿＿＿＿＿＿＿＿
　　　　（签字、盖执业专用章）　　　　　　　　（签字、盖执业专用章）

编制时间：20××年××月××日　　　　核对时间：20××年××月××日

填 表 须 知

1 竣工结算总价表应由承包人或受其委托电力工程造价咨询人编制，并应由发包人或受其委托电力工程造价咨询人核对。

2 工程量清单计价格式中的任何内容不应删除或涂改。

3 工程量清单计价格式中列明的所有需要填报的单价和合价，承包人均应填报；未填报的单价和合价，视为此项费用已包含在工程量清单的其他单价和合价中。

4 金额（价格）以人民币"元"为单位，单价保留小数点后两位，合价取整数。

5 工程量清单计价格式的填写应符合下列规定：

1） 工程量清单计价格式中所有要求签字、盖章的地方，应由规定的单位和人员签字、盖章。编制人是指电力工程造价专业的人员。

2） 工程项目竣工结算总价表的分部分项工程费、承包人采购设备费、措施项目费、其他项目费应按相应工程项目费用汇总表中合计栏的金额填写。

3） 工程量清单竣工结算编制说明应包括：工程概况、编制依据以及其他需要说明的问题。

4） 当分部分项工程量清单表计价表中结算全费用综合单价与投标全费用综合单价不同时，需提供相应项目的工程量清单全费用综合单价分析表和工程量清单全费用综合单价人、材、机计价表。按结算计价表–5.3格式填写分部分项工程量清单结算对比表。

5） 发包人采购材料计价表应按发包人提供发包人采购材料表进行计算填写，所填写的单价应与工程量清单中相应材料的单价一致。

6） 措施项目清单计价表承包人可根据经批准的施工组织设计应增加采取的措施增加项目。

7） 计日工计价表中人工、材料、机械名称、计量单位和相应数量应按实际完成的工程量所需费用结算。

8） 如有需要说明的其他事项可增加条款。

结算计价表-1

竣工结算编制说明

工程名称：

1. 编制依据

1.1 国家能源局发布的《电力建设工程工程量清单计价规范》（DL/T 5745—2021）。

1.2 国家能源局发布的《电力建设工程工程量清单计算规范　火力发电工程》（DL/T 5369—2021）。

1.3 业主提供的招标工程量清单及合同综合单价。

1.4 竣工图纸及设计变更单。

1.5 新增综合单价依据合同约定编制。

1.6 人工、材料、机械价格调整超过电力工程造价与定额管理总站发布的调整系数或市场价格的部分，按合同约定调整，合同没约定按下列方法调整：

人工：超过±5%（不含±5%）的部分，超过部分给予调整；

材料：超过±5%（不含±5%）的部分，超过部分给予调整；

机械：超过±10%（不含±10%）的部分，超过部分给予调整。

1.7 新增复杂地面　花岗岩面层　78m²。

1.8 地砖确认价为 145 元/m²。

结算计价表–2

工程项目竣工结算汇总表

工程名称：

序号	项目或费用名称	金额（元）	备注
1	分部分项工程费	18 780 827	
1.1	其中：暂估价材料费	244 306	
1.2	其中：安全文明施工费、临时设施费	571 912	
2	承包人采购设备费	70 000	
3	措施项目费	2 475 682	
	其中：施工过程增列措施项目费	161 666	
4	其他项目费	7 700 856	
	其中：施工过程增列其他项目费	50 000	
竣工结算价 合计=1+2+3+4		**29 027 365**	

结算计价表–3

分部分项工程费用汇总表

工程名称：

金额单位：元

序号	项目或费用名称	金额				备注
		合计	其中：人工费	其中：暂估价材料费	其中：安全文明施工费、临时设施费	
	建筑工程					
一	主辅生产工程	18 768 555	2 270 536	244 306	571 912	
（一）	热力系统	18 768 555	2 270 536	244 306	571 912	
1	主厂房本体及设备基础	18 768 555	2 270 536	244 306	571 912	
1.1	主厂房本体	18 768 555	2 270 536	244 306	571 912	
1.1.1	基础结构	7 646 018	1052 768		222 072	
1.1.2	框架结构	6 985 088	731 901		233 591	
1.1.3	运转层平台	2 264 959	264 903		68 451	
1.1.4	地面及地下设施	1 872 490	220 964	244 306	47 798	
	合计	**18 768 555**	**2 270 536**	**244 306**	**571 912**	

结算计价表—4

工程名称：

分部分项工程量清单结算汇总对比表

金额单位：元

序号	项目编码	项目名称	计量单位	合同工程量	结算工程量	量差	合同全费用综合单价	结算全费用综合单价	合同合计	结算合价
一	1A	建筑工程							16 954 576	18 768 555
(一)	1AA	主辅生产工程							16 954 576	18 768 555
1	1AAA	热力系统							16 954 576	18 768 555
1.1	1AAAA	主厂房本体及设备基础							16 954 576	18 768 555
1.1.1	1AAAAA	主厂房本体							6 950 947	7 646 018
		基础结构								
	1AAAAACA0301	土方施工	m³	32 482.59	35 730.85	3248.26	45.33	45.33	1 472 436	1 619 679
	1AAAAACB0201	独立基础	m³	2626.75	2889.43	262.68	1051.09	1051.09	2 760 951	3 037 051
	1AAAAACG0101	钢筋混凝土基础梁	m³	275.5	303.05	27.55	1128.48	1128.48	310 896	341 986
	1AAAAACG1601	普通钢筋	t	319.840	351.820	31.98	7449.51	7449.51	2 382 651	2 620 887
	1AAAAACG1701	措施钢筋	t	3.200	3.520	0.32	7504.18	7504.18	24 013	26 415
1.1.2	1AAAAB	框架结构							6 322 402	6 985 088
	1AAAABCG0201	钢筋混凝土框架	m³	1615	1784.58	169.58	1596.2	1596.2	2 577 863	2 848 547
	1AAAABCH0401	钢结构 钢梁	t	55.560	61.390	5.83	10 840.57	10 840.57	602 302	665 503
	1AAAABCH0301	钢结构 钢柱	t	68.510	75.700	7.19	2926.36	2926.36	200 485	221 525
	1AAAABCG1602	普通钢筋	t	389.550	430.450	40.90	7449.51	7449.51	2 901 957	3 206 642
	1AAAAACG1702	措施钢筋	t	3.900	4.310	0.41	7504.18	7504.18	29 266	32 343
	1AAAAACH1401	沉降观测标	套	48	48	0.00	219.35	219.35	10 529	10 529
1.1.3	1AAAAD	运转层平台							2 049 721	2 264 959
	1AAAADCD0301	汽机房 中间层平台	m²	3957.70	4373.26	415.56	312.33	312.33	1 236 108	1 365 900
	1AAAADCD0701	压型钢板底模	m²	3957.70	4373.26	415.56	92.67	92.67	366 760	405 270
	1AAAADCD0702	普通钢筋	t	59.390	65.630	6.24	7449.51	7449.51	442 426	488 911
	1AAAADCD0703	措施钢筋	t	0.590	0.650	0.06	7504.18	7504.18	4427	4878
1.1.4	1AAAAE	地面及地下设施							1 631 506	1 872 490
	1AAAAECC0101	汽机房地下设施	m²	2456.57	2714.51	257.94	664.14	664.14	1 631 506	1 802 815
	1AAAAECC0401	复杂地面	m²		78.00	78.00		893.27		69 675
		合计	元						16 954 576	18 768 555

结算计价表—4.1

分部分项工程量清单计价表

工程名称:

金额单位: 元

序号	项目编码	项目名称	项目特征	计量单位	工程量	全费用综合单价						合计					
						单价	其中: 人工费	材机费	主要材料费 材料费	其中:暂估价	安全文明施工费、临时设施费	合计	其中: 人工费	材机费	主要材料费 材料费	其中:暂估价	安全文明施工费、临时设施费
一	1A	建筑工程										18 768 555	2 270 536	9 378 923		244 306	571 912
(一)	1AA	主辅生产工程										18 768 555	2 270 536	9 378 923		244 306	571 912
1	1AAA	热力系统										18 768 555	2 270 536	9 378 923		244 306	571 912
1.1	1AAAA	主厂房本体及设备基础										18 768 555	2 270 536	9 378 923		244 306	571 912
1.1.1	1AAAAA	主厂房本体										7 646 018	1 052 768	3 472 155			222 072
	1AAAAAA	基础结构															
	1AAAAACA0301	土方施工	1. 开挖方式: 机械 2. 基础类型: 主厂房 3. 挖土深度: 6m 以内 4. 弃土运距: 1km 以内	m³	35 730.85	45.33	15.93	16.51			1.59	1 619 679	569 192	589 916			56 812
	1AAAAACB0201	独立基础	1. 基础材质: 混凝土 2. 混凝土强度等级: C40 以下 3. 混凝土种类: 商品混凝土	m³	2889.43	1051.09	84.89	405.75			24.09	3 037 051	245 284	1 172 386			69 606

序号	项目编码	项目名称	项目特征	计量单位	工程量	全费用综合单价			主要材料费		安全文明施工费、临时设施费	合计			主要材料费		安全文明施工费、临时设施费
						单价	人工费	材机费	材料费	其中:暂估价		合计	人工费	材机费	材料费	其中:暂估价	
	1AAAAACG0101	钢筋混凝土基础梁	1. 混凝土强度等级: C40以下 2. 混凝土种类: 商品混凝土 3. 类型: 主厂房	m³	303.05	1128.48	184.90	394.28			28.44	341 986	56 034	119 487			8619
	1AAAAACG1601	普通钢筋	1. 钢筋种类: HPB300、HRB335、HRB400 2. 规格: φ10以内或φ10以外	t	351.820	7449.51	511.76	4478.50			245.02	2 620 887	180 047	1 575 626			86 203
	1AAAAACG1701	措施钢筋	1. 措施钢筋形式: 钢筋 2. 钢筋种类: HPB300、HRB335、HRB400 3. 规格: φ10以内或φ10以外	t	3.520	7504.18	628.02	4187.44			236.44	26 415	2211	14 740			832
1.1.2	1AAAAB	框架结构										6 985 088	731 901	4 025 510			233 591
	1AAAABCG0201	钢筋混凝土框架	1. 混凝土强度等级: C40以下 2. 混凝土种类: 商品混凝土 3. 类型: 主厂房	m³	1784.58	1576.20	276.74	595.93			42.85	2 848 547	493 865	1 063 485			76 469
	1AAAABCH0401	钢结构钢梁	1. 材质: Q235B、Q255、Q275、Q345B 2. 探伤要求: 无 3. 类型: 主厂房 4. 运距: 1km	t	61.390	10 840.57	94.91	7207.36			358.54	665 503	5827	442 460			22 011

| 序号 | 项目编码 | 项目名称 | 项目特征 | 计量单位 | 工程量 | 全费用综合单价 | | | | | | 合计 | | | | | |
| | | | | | | 单价 | 其中 | | | | | 合计 | 其中 | | | | |
							人工费	材机费	主要材料费 材料费	其中:暂估价	安全文明施工费、临时设施费		人工费	材机费	主要材料费 材料费	其中:暂估价	安全文明施工费、临时设施费
	1AAAABCH0301	钢结构钢柱	1. 材质:Q235B、Q255、Q275、Q345B 2. 探伤要求:无 3. 类型:主厂房 4. 运距:1km	t	75.700	2926.36	79.68	7522.21			373.25	221 525	6032	569 431			28 255
	1AAAABCG1602	普通钢筋	1. 钢筋种类:HPB300、HRB335、HRB400 2. 规格:φ10以内或φ10以外	t	430.450	7449.51	511.76	4478.50			245.02	3 206 624	220 287	1 927 770			105 469
	1AAAAACG1702	措施钢筋	1. 措施钢筋形式:钢筋 2. 钢筋种类:HPB300、HRB335、HRB400 3. 规格:φ10以内或φ10以外	t	4.310	7504.18	628.02	4187.44			236.44	32 343	2707	18 048			1019
	1AAAAACH1401	沉降观测标	1. 材质:不锈钢 2. 类型:沉降观测标	套	48	219.35	66.31	89.92			7.67	10 529	3183	4316			368
1.1.4	1AAAAD	运转层平台										2 264 959	264 903	1 128 965			68 451
	1AAAADCD0301	汽机房中间层平台	1. 类型:主厂房 2. 结构形式:钢梁浇制混凝土板 3. 混凝土强度等级:C40以下 4. 混凝土种类:商品混凝土	m²	4373.26	312.33	52.80	128.17			8.89	1 365 900	230 908	560 521			38 878

序号	项目编码	项目名称	项目特征	计量单位	工程量	单价	全费用综合单价 人工费	材机费	主要材料费 材料费	其中:暂估价	安全文明施工费、临时设施费	合计	合计 人工费	材机费	主要材料费 材料费	其中:暂估价	安全文明施工费、临时设施费
	1AAAADCD0701	压型钢板底模	钢梁浇制混凝土板下铺设	m²	4373.26	92.67		62.15			3.05	405 270		271 798			13 338
	1AAAADCD0702	普通钢筋	1. 钢筋种类:HPB300、HRB335、HRB400 2. 规格:φ10以内或φ10以外	t	65.630	7449.51	511.76	4478.50			245.02	488 911	33 587	293 924			16 081
	1AAAADCD0703	措施钢筋	1. 措施钢筋形式:钢筋 2. 钢筋种类:HPB300、HRB335、HRB400 3. 规格:φ10以内或φ10以外	t	0.650	7504.18	628.02	4187.44			236.44	4878	408	2722			154
1.1.5	1AAAAE	地面及地下设施										**1 872 490**	**220 964**	**752 293**	**244 306**	**244 306**	**47 798**
	1AAAAECC0101	汽机房地下设施	1. 面层材料:地砖 2. 踢脚线材质:地砖	m²	2714.51	664.14	79.24	266.71	90.00		16.99	1 802 815	215 098	723 987	244 306	244 306	46 120
	1AAAAECC0401	复杂地面	1. 面层材质:花岗岩 2. 踢脚线材质:花岗岩	m²	78.00	893.27	75.20	362.90			21.51	69 675	58 66	28 306			1678
		合计										18 768 555	2 270 536	9 378 923	244 306	244 306	571 912

结算计价表—4.2

工程量清单全费用综合单价分析表

工程名称：

金额单位：元

序号	项目编码	项目名称	计量单位	全费用综合单价组成		主要材料费		措施费			企业管理费	规费	利润	编制基准期价差	增值税	全费用综合单价
				人工费	材机费	材料费	其中：暂估价	措施费	其中：安全文明施工费	其中：临时设施费						
	1A	建筑工程														
一		主辅生产工程														
（一）	1AA	热力系统														
1	1AAA	主厂房本体及设备基础														
1.1	1AAAA	主厂房本体														
1.1.5	1AAAAE	地面及地下设施														
	1AAAAECC0401	复杂地面	m²	75.20	362.90			32.29	11.52	9.99	29.00	29.88	27.15	263.09	73.76	893.27
		施工过程增列项目														
		打拔钢板桩	t	131.470	1708.56			135.61	48.39	41.95	121.81	125.49	114.04	134.98	222.48	2694.44

注1：材机费＝消耗性材料＋机械费。

注2：措施费：按费率计取。

143

结算计价表–5

承包人采购材料计价表

工程名称： 金额单位：元

序号	材料名称	型号规格	计量单位	数量	合同单价	合价	备注
1	圆钢 ϕ 10 以下		kg	136 311.75	4.43	603 861	
2	圆钢 ϕ 10 以上		kg	775 638.2	4.43	3 436 077	
3	预埋铁件		kg	76 947.64	5.69	437 832	
4	中砂		m³	81.53	281.25	22 930	
5	碎石		m³	411.04	233.01	95 776	
6	木材		m³	11.11	1826.00	20 287	
7	型钢		kg	3425.03	3.94	13 495	
8	加工铁件		kg	491.68	6.34	3117	
9	通用钢模板		kg	35 043.35	5.20	182 225	
10	木模板		m³	67.63	1783.95	120 649	
合计						4 936 249	

注：施工合同中属暂估单价的材料，按发、承包双方最终确认的单价填入表内。

结算计价表–6

承包人采购设备计价表

工程名称： 金额单位：元

序号	设备名称	型号规格	计量单位	数量	合同单价	结算单价	风险范围	价差	合价	备注
1	主厂房玻璃钢防腐防爆轴流风机	FBT35-11 型，#4.5，α=25°，n=1450r/min，L=5881m³/h，H=95Pa，电机：YBFa-7114，N=0.25kW	台	2	35 000.00	35 000.00	±10%	0.00	70 000	
小计									70 000	

注：施工合同中属暂估单价的设备，按发、承包双方最终确认的单价填入表内。

结算计价表—7

工程名称：

措施项目清单计价表

金额单位：元

序号	项目名称	项目特征	计量单位	工程量	单价 全费用综合单价	单价 其中 人工费	单价 其中 材料费	单价 其中 机械费	合价 合计	合价 其中 人工费	合价 其中 材料费	合价 其中 机械费	备注
1	单价措施项目												
(1)	基坑明排水降水系统运行	排水泵出口直径：100mm以内	套·天	1600	558.98	187.63	19.25	197.74	894 368	300 208	30 800	316 384	
(2)	混凝土泵车增加费		m³	7296.68	23.26	-10.60	18.90	8.50	169 575	-77 345	137 907	62 022	
(3)	清水混凝土增加费		m³	1824.17	136.54	29.70	69.00		249 072	54 178	125 868		
	小计：								1 313 015	277 041	294 575	378 406	
2	总价措施项目												
	地下设施建筑物的临时保护措施		项	1	1 000 000	300 000	600 000	100 000	1 000 000	300 000	600 000	100 000	
	小计：								1 000 000	300 000	600 000	100 000	
3	施工过程增列项目												
	打拔钢板桩	6m以内	t	60	2692.53	131.47	1364.10	344.46	161 552	7888	81 846	20 668	
									161 552	7888	81 846	20 668	
	合计								2 474 567	584 929	976 421	499 074	

注：本表适用于以全费用综合单价形式计价的措施项目，若需要人、材、机组成表及全费用综合单价分析表，可以参照结算计价表—4.1、结算计价表—4.2。

145

结算计价表-8

其他项目清单计价表

工程名称：   金额单位：元

序号	项目名称	计量单位	金额	备注
一	施工合同已列项目			
1	确认价	元	5 423 902	
1.1	暂估材料单价确认及价差计价	元	123 902	明细详见结算计价表-8.1
1.2	专业工程结算价	元	5 300 000	明细详见结算计价表-8.2
2	计日工	元	442 940	明细详见结算计价表-8.3
3	施工总承包服务费计价	元	70 000	明细详见结算计价表-8.4
4	索赔与现场签证费用计价汇总	元	268 888	明细详见结算计价表-8.5
5	人工、材料、机械台班价格调整计价	元	1 445 126	明细详见结算计价表-8.6
6	其他			
	小计		**7 650 856**	
二	施工过程增列项目			
1	新增装配式电缆沟	元	50 000	
	小计		**50 000**	
	合计		**7 700 856**	

结算计价表-8.1

暂估材料单价确认及价差计价表

工程名称：   金额单位：元

序号	材料名称、规格、型号	计量单位	数量	暂估价	确认价	价差	备注
1	汽机房地下设施地面 地砖	m²	2252.77	90	145	123 902	
	合计					123 902	

注：暂估材料按发、承包双方最终确认的单价填入此表，产生的价差合计填入结算计价表-8。

结算计价表-8.2

专业工程结算价表

工程名称：   金额单位：元

序号	工程名称	工作内容	金额	备注
1	消防工程		3 500 000	
2	创国家优质工程金奖增加费		1 800 000	
	合计		**5 300 000**	

注：此表由承包人按施工合同中属暂估价的专业工程内容及施工过程中按中标价或发包人、承包人与分包人最终确认
结算价填入表内。

结算计价表-8.3

计日工表

工程名称：   金额单位：元

序号	项目名称	计量单位	确定数量	全费用综合单价	合价	备注
一	人工					
1	普通工	工日	700	150	105 000	
2	技术工	工日	280	260	72 800	
	人工小计				**177 800**	
二	材料					
1	细木工板	张	120	150	18 000	
2	竹笆 1000×2000	m²	230	18	4140	
	材料小计				**22 140**	
三	施工机械					
1	履带式单斗液压挖掘机 1m³	台班	30	1800	54 000	
2	轮胎式起重机 20t	台班	90	2100	189 000	
	施工机械小计				**243 000**	
	合计				**442 940**	

注：此表项目名称、数量由承包人按发包人实际签证确认的事项计列，单价按照施工合同约定的价格确定并计算合价。

结算计价表-8.4

施工总承包服务费计价表

工程名称：   金额单位：元

序号	项目名称	取费基数	服务内容	费率（%）	金额	备注
1	发包人发包专业工程	3 500 000	提供脚手架、水电	2	70 000	
	合计				**70 000**	

注：此表取费基数、服务内容由承包人依据合同约定金额计算，如发生调整的，以发、承包双方确认调整的金额计算。

结算计价表-8.5

索赔与现场签证计价汇总表

工程名称：   金额单位：元

序号	项目名称	计量单位	数量	单价	合价	索赔及签证依据
1	发包人原因造成工程延误 1 个月	%	1	25 838 824	258 388	按照合同约定，每延误 1 个月按合同价的 1%计取
2	运行单位要求，对已经铺设完工的地砖重新铺贴	m²	30	350	10 500	现场签证单-006
	合计				**268 888**	

注：索赔费用应该依据发承包双方确认的索赔事项和金额计算（含税金），签证及索赔依据是指经双方认可的签证单和索赔依据的编号，合计费用汇总到结算计价表-8。

结算计价表-8.6

人工、材料（设备）、机械台班价格调整计价表

工程名称：　　　　　　　　　　　　　　　　　　　　　　　　　　　　　　　　　金额单位：元

序号	材料名称	单位	数量	基准价	结算单价	风险范围	价差	合价	备注
一	人工			2020 年	2021 年	±5%			
	人工	元	2 270 536	2.23%	4.76%	>5%	2.42%	54 947	超过 5% 部分调整
			小计					59 892	
二	材料（设备）					±5%			
1	圆钢 ϕ10 以下	kg	136 311.75	4.43	5.5	>5%	0.85	115 865	
2	圆钢 ϕ10 以上	kg	775 638.2	4.43	5.5	>5%	0.85	659 292	
3	预埋铁件	kg	76 947.64	5.69	11.2	>5%	5.23	402 436	
4	混凝土	m³	7296.68	590.13	625	>5%	5.36	39 110	
5	中砂	m³	81.53	281.25	290	>5%	−5.31	−433	
6	木材	m³	11.11	1826	1900	>3.89%	不补		
7	型钢	kg	3425.03	3.94	5.5	>2.73%	不补		
8	加工铁件	kg	491.68	6.34	11.5	>5%	4.84	2380	
9	通用钢模板	kg	35 043.35	5.2	6.9	>5%	1.44	50 462	
			小计					1 383 332	
三	机械台班					±10%			
1	履带式推土机　功率 75kW	台班	50.02	732.26	745.79		不补		
2	轮胎式装载机　斗容量 2m³	台班	42.88	688.88	709.18		不补		
3	电动夯实机　夯击能量 250N·m	台班	872.43	27.77	32.55	>10%	2.00	1745	
4	履带式起重机　起重量 15t	台班	0.54	709.1	714.8		不补		
5	履带式起重机　起重量 25t	台班	2.74	789.22	798.62		不补		
6	履带式起重机　起重量 150t	台班	6.15	5031.62	5061.35		不补		
			小计					1902	
			合计					1 445 126	

结算计价表-9

发包人采购材料表

工程名称：　　　　　　　　　　　　　　　　　　　　　　　　　　　　　　　　　金额单位：元

序号	材料名称	型号规格	计量单位	数量	单价	备注
1	成品型钢柱		t	75.700	6968.67	

注：发包人采购材料费按施工实际发生填写。

结算计价表-10

主要工日价格表

工程名称：

金额单位：元

序号	工种	单位	数量	单价
1	建筑普通工	工日	19 129.50	70
2	建筑技术工	工日	5384.02	98

结算计价表-11

主要机械台班价格表

工程名称：

金额单位：元

序号	机械设备名称	单位	数量	单价
1	履带式推土机　功率 75kW	台班	50.02	745.79
2	轮胎式装载机　斗容量 2m³	台班	42.88	709.18
3	履带式单斗液压挖掘机　斗容量 1m³	台班	78.61	1096.27
4	电动夯实机　夯击能量 250N·m	台班	872.43	28.93
5	履带式起重机　起重量 15t	台班	0.54	714.8
6	履带式起重机　起重量 25t	台班	2.74	798.62
7	履带式起重机　起重量 150t	台班	6.15	5061.35
8	汽车式起重机　起重量 5t	台班	75.21	552.67
9	汽车式起重机　起重量 8t	台班	26.00	655.69
10	汽车式起重机　起重量 25t	台班	1.08	1122.92
11	门式起重机　起重量 20t	台班	3.53	606.25
12	塔式起重机　起重力矩 2500kN·m	台班	8.18	5078.5
13	载重汽车　5t	台班	150.61	380.35
14	载重汽车　6t	台班	471.73	395.92
15	载重汽车　8t	台班	3.44	445.99
16	自卸汽车　12t	台班	485.94	768.06
17	平板拖车组　20t	台班	1.97	943.86
18	平板拖车组　40t	台班	2.47	1276.88
19	电动单筒快速卷扬机　10kN	台班	19.90	167.56
20	电动单筒慢速卷扬机　50kN	台班	44.63	181.65
21	混凝土振捣器（插入式）	台班	604.05	13.83
22	混凝土振捣器（平台式）	台班	55.79	19.55
23	钢筋弯曲机　直径 40mm	台班	244.54	27.63
24	木工圆锯机　直径 500mm	台班	53.50	29.17
25	摇臂钻床（钻孔直径 50mm）	台班	3.72	29.65

二、安装工程

（一）工程概况

1. 工程规模

（1）本工程为××电厂 2×1000MW 超超临界燃煤发电项目。工程所在地为安徽省。本标段为模拟工程Ⅰ标段安装工程，包含 1 号机组热力系统、电气系统及主厂区域内设备管道安装及保温油漆工程。

（2）本标段的施工范围主要包括本标段区域内的所有设备管道安装工程，1 号机组的热力系统所有设施及管道、发电机电气与引出线等安装工程、机组排水槽，标段区域内的管道、保温油漆等。

2. 工作范围及主要工程量

（1）区域施工范围内工艺设备、电气装置及管道、保温油漆等。

（2）主要工程量。以设计提资及图纸清册为依据。

3. 其他规定

（1）依据设计院正式提出的设计资料（或图纸）和部分制造厂图纸（包括炉墙砌筑及保温、除尘器保温、汽机本体保温等）。按照施工招标文件及合同的标段划分以及《电力建设工程量清单计价规范》（DL/T 5745—2021）、《电力建设工程工程量清单计算规范 火力发电工程》（DL/T 5369—2021）的工程量计算规则进行编制，施工合同中另有约定的优先按合同执行。

（2）本工程招标人供应的材料范围如下：

1）主蒸汽管道、热再热蒸汽管道、冷再热蒸汽管道和主给水管道以及管件（含疏放水、放气、暖管、仪表导压管、取样管；机组性能考核试验仪表导压管；以及上述管道的管件；含工厂化加工）、支吊架（不含根部）。

2）冷风道、热风道和烟道的风门、插板门及补偿器，给粉管道的耐磨弯头、煤粉取样装置和可调锁孔。

3）进口阀门、仪表阀门、衬胶/衬塑阀门和除 DN≤100 的低压（P≤1.6MPa）手动阀门外的国产其他阀门（不包括反法兰及连接件）。

4）全厂设备、管道的保温材料。

5）全厂离相封闭母线和共箱封闭母线（含成套附件）。

6）全厂电缆，包含电力电缆、控制电缆、计算机电缆、通信电缆、补偿电缆、伴热电缆及光缆。

7）成品电缆桥架和成品电缆支架。

（3）本工程计列以下相关费用：

1）环保保护特殊措施费按 60 万元计列，按规定取费外额外增加的环境保护特殊措施费用，总价包干。

2）暂列金额：创国家优质工程金奖的措施费按 300 万元计列。

3）暂估价：可拆卸汽水管道阀门保温罩壳材料费及安装费 80 万元。

4）普通计日工暂估 300 工日，技术工暂估 100 工日。

本阶段相关设计专业的部分工程量提资表如下：

机务专业技经资料

工程名称：

序号	设备或材料名称	型号、容量及主要参数	单位	数量 1 号机组	备注
一	热力系统				
1.5	烟风煤管道				
1.5.1	冷风道				
（1）	冷风道：	总重	t	400	
a	冷风道	材质：Q235A	t	300	乙供
b	冷风道风门	材质：Q235A	t	45	甲供

序号	设备或材料名称	型号、容量及主要参数	单位	数量 1 号机组	备注
c	补偿器	材质：组合件	t	25	甲供
d	支吊架		t	30	乙供

电气专业技经资料

工程名称：

序号	设备或材料名称	型号、容量及主要参数	单位	数量 1 号机组	备注
六	电气系统				
1	发电机电气与引出线				
1.1	发电机电气与出线间	QFSN-1000-2 型，含静态励磁系统			
	其中：				
	电压互感器及避雷器柜	每套含：RN2-27 3 只	台	3	封闭母线成套供货
		TV 27/ 3/0.1/ 3/0.1/ 3/0.1/3 1 只			
		TV 27/ 3/0.1/ 3/0.1/ 3/0.1/3 1 只			
		TV 27/ 3/0.1/ 3/0.1/ 3/0.1/3 1 只			
		Y5W1-35.5/75.8 1 台			
	中性点变压器柜	内装： GN2-35/400A 1 只； 干式变压器 100kVA（暂定）27/0.22kV 1 台 二次电阻：0.2Ω 90kW（暂定）； 电流互感器：5/1A 5P10 1 只	台	1	封闭母线成套供货
	微正压充气装置		套	1	封闭母线成套供货
	热风保养装置		套	1	封闭母线成套供货
	静态励磁系统（进口设备）	包括励磁变压器及整流装置	套	1	发电机成套供货
	发电机出口 TA	每套含：30 000/5A TPY 6 只；30 000/5A 0.2S 6 只	套	1	发电机成套供货
	发电机中性点 TA	每套含：30 000/5A TPY 6 只；30 000/5A 0.2S 6 只	套	1	发电机成套供货
	交流励磁共箱母线	额定电压：1kV，额定电流：6300A	m	30	
	直流励磁共箱母线	额定电压：1kV，额定电流：6300A	m	25	
1.2	发电机出口断路器				
	发电机出口断路器	额定电压：27kV，额定电流：28 000A，额定开断电流：160kA	台	1	
		含避雷器、接地刀闸及 TV 等附件			
1.3	发电机引出线				
	全连式分相封闭母线：				

序号	设备或材料名称	型号、容量及主要参数	单位	数量 1号机组	备注
	主回路	额定电压：27kV，额定电流：28 000A	单相米	165	
		导体：Æ1000mm/d=18mm			
		外壳：Æ1580mm/d=10mm			
	厂用变压器分支	额定电压：27kV，额定电流：2000A	单相米	60	
		导体：Æ200mm/d=10mm			
		外壳：Æ780mm/d=7mm			
	励磁变压器及TV分支	额定电压：27kV，额定电流：2000A	单相米	60	
		导体：Æ200mm/d=10mm			
		外壳：Æ780mm/d=7mm			
	中性点母线桥	额定电压：27kV	单相米	5	
		外壳：600×600（$W×H$）			
	主出线封闭母线箱		套	1	封闭母线成套供货
	中性点封闭母线箱		套	1	封闭母线成套供货

（二）招标工程量清单编制

1. 编制步骤

（1）根据工程概况，编制"清单表-1　总说明"。

（2）编制"清单表-2　分部分项工程量清单"。

第一步：分析设计专业的工程量提资表，了解工程特点。

第二步：根据工程设计图纸、提资表和《电力建设工程工程量清单计算规范　火力发电工程》（DL/T 5369—2021）附录中列出的分部分项清单项目，编制"清单表-2　分部分项工程量清单"。

锅炉机组

项目编码	项目名称	项目特征	计量单位	工程量计算规则	工作内容
CA22	冷风道	1. 管道材质 2. 锅炉出力	t	按设计质量计算	1. 风道安装 2. 吸风口滤网、伸缩节、人孔、风机出口闸板安装 3. 维护平台及支吊架安装 4. 闸板门调试

母线、绝缘子

项目编码	项目名称	项目特征	计量单位	工程量计算规则	工作内容
CD12	分相封闭母线	1. 型号 2. 规格	三相米	按设计数量以各相母线外壳中心线延长米的平均长度计算	1. 封闭母线及附件安装 2. 接地 3. 单体调试
CD13	共箱封闭母线	1. 型号 2. 规格 3. 导体形式	m	按设计数量以母线外壳中心线延长米长度计算	1. 封闭母线及附件安装 2. 接地 3. 单体调试

1）以"CA22冷风道"为例，项目编码前6位参考附录E，表E.2中的项目编码+附录B中的项目编码4位+2位顺序码，共12位。其中顺序码，由清单编制人根据拟建工程的工程量清单项目名称从"01"

起编排，如锅炉机组中的冷风道，编码为 1BAAEA+CA22+01，共 6+4+2=12 位编码。按照编排规律，本系统中相同清单顺序码冷风道甲供部分为 01，乙供部分为 02，以此类推，不应有重码。最后，将形成的 12 位编码填入"清单表 2 分部分项工程量清单"的"项目编码"内。

2）项目名称编制：由清单编制人根据拟建工程实际，初步设计阶段安装按照附录 B 中的项目名称进行完善。

3）项目特征编制：由清单编制人根据拟建工程实际，初步阶段安装按照附录 B 中的项目特征进行描述，如本项目根据实际提资及工程特点，冷风道的项目特征描述为：冷风道材质 Q235A，锅炉出力：3118t/h：

第三步：根据工程设计图纸、提资计算分部分项清单工程量，以冷风道和母线为例：

冷风道（甲供部分）：45+25=70t

冷风道（乙供部分）：300+30=330t

主回路全连式离相封闭母线：165÷3=55（三相米）

厂用、励磁变压器及 TV 分支全连式离相封闭母线：（60+60）÷3=40（三相米）

将计算出的工程量填入"清单表 2 分部分项工程量清单"内。

清单表-2

分部分项工程量清单

工程名称： 　　　　　　　　　　　　　　　　　　　　　　　　　标段：

序号	项目编码	项目名称	项目特征	计量单位	工程量	备注
	1B	安装工程				
一		主辅生产工程				
（一）	1BA	热力系统				
1	1BAA	锅炉机组				
1.5	1BAAE	烟风煤管道				
1.5.1	1BAAEA	冷风道				
	1BAAEACA2201	冷风道	1. 管道材质 Q235A 2. 锅炉出力：3118t/h	t	70	甲供部分（风门、补偿器）
	1BAAEACA2202	冷风道	1. 管道材质 Q235A 2. 锅炉出力：3118t/h	t	330	乙供部分
（六）	1CA	电气系统				
1	1CAA	发电机电气与引出线				
1.3	1CAACA	发电机引出线				
	1CAACACD1201	分相封闭母线	1. 型号：主回路全连式离相封闭母线，额定电压 27kV，额定电流 28 000A 2. 规格：导体 Æ1000mm/d=18mm 外壳 Æ1580mm/d=10mm	三相米	55	甲供（含成套附件）
	1CAACACD1202	分相封闭母线	1. 型号：厂用、励磁变压器及 TV 分支全连式离相封闭母线，额定电压 27kV，额定电流 2000A 2. 规格：导体 Æ200mm/d=10mm 外壳 Æ780mm/d=7mm	三相米	40	甲供（含成套附件）
	1CAACACD1301	共箱封闭母线	1. 型号：中性点连接母线，额定电压 27kV 2. 规格：外壳 600×600（W×H） 3. 导体形式：铜母线	m	5	甲供（含成套附件）

（3）编制"清单表-3 措施项目清单"。

第一步：找出《电力建设程工程量清单计算规范 火力发电工程》（DL/T 5369—2021）附录中对应的清单项。

单价措施项目是指能够计算工程量的措施项目，是招标人根据拟建工程图纸、工程量计算规则和招标文件编制的，主要包括脚手架工程、垂直运输及超高工程等措施项目。值得注意的是，初步设计阶段清单项目均包括施工用脚手架安拆、水平运输、垂直运输等工作内容，不单独设置单价措施项目。

第二步：编制总价措施项目清单。总价措施项目根据拟建工程的实际情况和工程量清单计算规范的要求进行编制。

第三步：根据上述工程量清单计算规范和本工程实际情况，编制"清单表-3 措施项目清单"。

清单表-3

措施项目清单

工程名称：   标段：

序号	项目编码	项目名称	项目特征	计量单位	工程量	备注
1		单价措施项目				
2		总价措施项目				
2.1		环境保护特殊措施费		项	1	按规定取费外额外增加的环境保护特殊措施费用

（4）编制"清单表-4 其他项目清单"。

第一步：确定暂列金额数额。暂列金额实际上是一笔业主方的备用金，用于招标时对尚未确定或不可预见项目的储备金额。施工过程中业主有权依据工程进度的实际需要，用于施工或提供物资、设备以及技术服务等内容的开支，也可以作为供意外用途的开支。

暂列金额由招标人进行估算编制，可以仅列总额，也可以分项给出暂列金额。一般可以按分部分项工程量清单费的 10%～15%为参考，但由于工程条件，技术水平、物价水平存在差异，还需根据工程实际情况进一步确定。

清单表-4.1

暂列金额明细表

工程名称：   标段：

序号	项目名称	计量单位	暂列金额	备注
1	暂列金额			
1.1	创国家优质工程金奖措施费	项	3 000 000	
	合计		3 000 000	

第二步：确定材料、工程设备暂估单价。材料、工程设备暂估价是指招标时不能确定价格而由招标人在招标文件中暂时估定的货物金额。对必然发生但在发包时不能合理确定价格设置暂估价，是顺利实施项目的有效制度设计。

招标人可按以下条件界定暂估价的范围：①价值高、使用量大的材料设备；②市场价格波动大的材料设备；③特殊性质要求、品牌要求的材料设备。价格可通过查询工程造价信息、参考已完施工工程材料设备价格、联系生产厂家或经销商进行询价等方式确定。

清单表–4.2

材料、工程设备暂估单价表

工程名称：

金额单位：元

序号	材料、工程设备名称	规格、型号	计量单位	单价（元）	备注

第三步：编制专业工程暂估价、施工总承包服务项目。若有专业工程、施工总承包服务项目则填写清单表格。

第四步：确定计日工。计日工适用于零星工作，一般是指合同约定之外或者因变更产生的、工程量清单中没有相应项目的额外工作。注意在暂估计日工数量时，根据工程大小情况确定合理的暂估数量，竣工结算时，按实际签证确定数量调整，全费用综合单价不变。

清单表–4.3

计日工表

工程名称：

序号	项目名称	计量单位	工程量	备注
一	人工			
1	普通工	工日	300	
2	技术工	工日	100	
二	材料			
三	施工机械			

第五步：以上内容汇入"清单表–4"。

清单表–4

其他项目清单

工程名称：

标段：

序号	项目名称	计量单位	金额	备注
1	暂列金额	元	3 000 000	明细详见清单表–4.1
2	暂估价	元	800 000	
2.1	材料、工程设备暂估单价	—		明细详见清单表–4.2
2.2	专业工程暂估价	元	800 000	明细详见清单表–4.3
3	计日工			明细详见清单表–4.4
4	施工总承包服务项目			明细详见清单表–4.5
5	合同中约定的其他项目			

（5）编制"清单表–5 投标人采购材料及设备表"。此表中列出投标人采购的设备以及有品牌要求的材料。如有暂估价的，招标人需在备注栏中说明。

（6）编制"清单表–6 招标人采购材料及设备表"。此表中列出对招标人采购的材料明细，便于进行全费用综合单价组价；招标人采购的设备无需列出明细清单，总价可以在备注栏中列出。

清单封-1

××电厂2×1000MW超超临界燃煤发电项目工程

招 标 工 程 量 清 单

招 标 人：＿＿＿＿＿＿＿（盖章）＿＿＿＿＿＿＿

编 制 人：＿＿＿（造价专业人员签字或盖章）＿＿＿

20××年××月××日

工程名称：××电厂2×1000MW超超临界燃煤发电项目

标段名称： I 标段安装工程

招 标 工 程 量 清 单

编制人：＿＿＿＿（造价专业人员签字或盖章）＿＿＿＿

复核人：＿＿＿＿（注册造价工程师签字或盖章）＿＿＿

审定人：＿＿＿＿（注册造价工程师签字或盖章）＿＿＿

编制单位：＿＿＿＿＿＿＿＿＿（盖章）＿＿＿＿＿＿

企业法定代表人或其授权人：＿＿（签字或盖章）＿＿

招标人：＿＿＿＿＿＿＿＿（盖章）＿＿＿＿＿

企业法定代表人或其授权人：＿＿（签字或盖章）＿＿

编制时间：20××年××月××日

填 表 须 知

1 招标工程量清单应由具有编制招标文件能力的招标人或受其委托具有相应资质的电力工程造价咨询人编制和复核。

2 招标人提供的工程量清单的任何内容不应删除或涂改。

3 工程量清单格式的填写应符合下列规定：

1）工程量清单中所有要求签字、盖章的地方，应由规定的单位和人员签字、盖章。

2）总说明应按项目属性相应填写。

3）其他说明应按工程实际要求填写。

4）分部分项工程量清单按序号、项目编码、项目名称、项目特征、计量单位、工程量、备注等内容填写。

5）措施项目清单按序号、项目名称等内容填写。

6）其他项目清单按序号、项目名称等内容填写。

7）投标人采购材料（设备）表按序号、材料（设备）名称、型号规格、计量单位、数量等内容填写。

8）招标人采购材料（设备）表按序号、材料（设备）、型号规格、计量单位、数量、单价、交货地点及方式等内容填写。

4 如有需要说明其他事项可增加条款。

清单表-1

总说明

工程名称：

工程概况	工程名称	××电厂一期 2×1000MW 超超临界燃煤发电项目Ⅰ标段安装工程	建设性质	新建
	设计单位	××电力设计院	建设地点	安徽省
其他说明	1. ××燃煤电厂 2×1000MW 超超临界燃煤发电项目Ⅰ标段安装工程，1 号机组主厂房安装工程。工程量清单编制依据： （1）《电力建设工程工程量清单计价规范》（DL/T 5745—2021）、《电力建设工程工程量清单计算规范　火力发电工程》（DL/T 5369—2021）； （2）工程招标文件； （3）设计图纸。 2. 报价中的安全文明施工费、临时设施费，属非竞争性费用，按照《火力发电工程建设预算编制与计算规定（2018 版）》计取。 3. 工程所需设备均由招标人提供（清单中列明的投标人采购设备除外）。 4. 招标人供应的材料范围如下： （1）主蒸汽管道、热再热蒸汽管道、冷再热蒸汽管道和主给水管道以及管件（含疏放水、放气、暖管、仪表导压管、取样管；机组性能考核试验仪表导压管；以及上述管道的管件；含工厂化加工）、支吊架（不含根部）。 （2）冷风道、热风道和烟道的风门和补偿器，给粉管道的耐磨弯头、煤粉取样装置和可调锁孔。 （3）进口阀门、仪表阀门、衬胶/衬塑阀门和除 DN≤100 的低压（P≤1.6MPa）手动阀门外的国产其他阀门（不包括反法兰及连接件）。 （4）全厂设备、管道的保温材料。 （5）全厂离相封闭母线和共箱封闭母线（含成套附件）。 （6）全厂电缆，包含电力电缆、控制电缆、计算机电缆、通信电缆、补偿电缆、伴热电缆及光缆。 （7）成品电缆桥架和成品电缆支架。 5. 招标人采购材料（设备）表中的材料（设备）单价均为除税单价，数量为设计用量（不含施工损耗），合理的施工损耗由投标单位在综合单价中考虑。 6. 在措施项目中，投标人除按招标文件所列的常规措施项目报价外，尚需根据现场踏勘以及投标施工组织设计等情况自行增加措施项目并进行报价。如无相关报价，除招标文件另有说明外，结算时不调整。 7. 创国家优质工程金奖增加费为暂列金额，按实际发生结算。

清单表-2

分部分项工程量清单

工程名称：   标段：

序号	项目编码	项目名称	项目特征	计量单位	工程量	备注
	1B	安装工程				
一		主辅生产工程				
（一）	1BA	热力系统				
1	1BAA	锅炉机组				
1.1	1BAAA	锅炉本体				
1.1.1	1BAAAA	组合安装				
	1BAAAACA0101	锅炉钢架	1. 1050MW 超超临界直流 π 型炉 2. 锅炉出力：3118t/h 3. 参数：29.4MPa（g），605℃/623℃	t	13 656.000	
	1BAAAACA0201	锅炉钢架油漆	1. 1050MW 超超临界直流 π 型炉 2. 容量 3118t/h 3. 参数：29.4MPa（g），605℃/623℃	t	13 656.000	油漆厂供
	1BAAAACA0301	锅炉本体	1. 1050MW 超超临界直流 π 型炉 2. 锅炉出力：3118t/h 3. 参数：29.4MPa（g），605℃/623℃	t	10 264.000	
	1BAAAACA0401	空气预热器	1. 型式：三分仓回转式 2. 空气预热器转子直径：17 286mm	台	2	
1.1.2	1BAAAB	点火装置				
	1BAAABCA0501	等离子点火装置附属设备和管道	1050MW 超超临界直流 π 型炉	台炉	1	
1.1.3	1BAAAC	分部试验及试运				
	1BAAACCA0601	锅炉本体分部试运	1050MW 超超临界直流 π 型炉	台炉	1	
	1BAAACCA0701	锅炉本体清洗	1. 按 EDTA 方式清洗 2. 1050MW 超超临界直流 π 型炉 3. 锅炉出力：3118t/h	台炉	1	除盐水和柴油甲供
1.2	1BAABA	风机				
	1BAABACA0901	送风机	1. 动叶可调轴流式 2. 出力：Q=390m³/s 3. 压头：H=5414Pa 4. 电动机功率 2800kW，电压 10kV	台	2	
	1BAABACA1001	一次风机	1. 动叶可调轴流式 2. 出力：Q=144m³/s 3. 压头：H=15 526Pa 4. 电动机功率 2900kW，电压 10kV	台	2	

序号	项目编码	项目名称	项目特征	计量单位	工程量	备注
	1BAABACA1101	引风机	1. 动叶可调轴流式 2. 出力：Q=717m³/s 3. 压头：H=10 386Pa 4. 电动机功率 9300kW，电压 10kV	台	2	
1.3	1BAACA	除尘装置				
	1BAACACA1301	低低温静电除尘器	1. 三室五电场，所有电场采用高频电源 2. 每台锅炉 3 台电除尘器 3. 除尘效率＞99.935%	t	5100.000	
1.4	1BAADA	制粉系统				
	1BAADACA1701	磨煤机	1. 中速磨煤机 2. 磨煤机型号：HP1163/Dyn 3. 电动机功率 950kW，电压 10kV	台	6	
	1BAADACA1801	给煤机	1. 电子称重式给煤机 2. 出力 Q=10～120t/h 3. 给煤距离 L=2250mm 4. 变频调速电动机 4kW，电压 380V	台	6	
	1BAADACA1001	煤斗疏松机	1. 液压传动式，电控方式 2. 型号：HT-SSJ-I-1/2	台	6	
1.5	1BAAE	烟风煤管道				
1.5.1	1BAAEA	冷风道				
	1BAAEACA2201	冷风道	1. 管道材质 Q235A 2. 锅炉出力：3118t/h	t	70.000	甲供部分（风门、补偿器）
	1BAAEACA2202	冷风道	1. 管道材质 Q235A 2. 锅炉出力：3118t/h	t	330.000	乙供部分
1.5.2	1BAAEB	热风道				
	1BAAEBCA2301	热风道	1. 管道材质 Q235A 2. 锅炉出力：3118t/h	t	550.000	甲供部分（风门、补偿器）和厂供热二次风道
	1BAAEBCA2302	热风道	1. 管道材质 Q235A 2. 锅炉出力：3118t/h	t	240.000	乙供部分
1.5.3	1BAAEC	烟道				
	1BAAECCA2401	烟道	1. 管道材质 Q235A 2. 锅炉出力：3118t/h	t	100.000	甲供部分（风门、补偿器）
	1BAAECCA2402	烟道	1. 管道材质 Q235A 2. 锅炉出力：3118t/h	t	900.000	乙供部分
1.5.4	1BAAED	原煤管道				
	1BAAEDCA2601	原煤管道	1. 管道材质：不锈钢 2. 锅炉出力：3118t/h	t	20.000	管道厂供
1.5.5	1BAAEF	送粉管道				
	1BAAEFCA2801	送粉管道	1. 管道材质 Q235A 2. 锅炉出力：3118t/h	t	320.000	甲供部分（耐磨弯头、煤粉取样装置和可调锁孔）

序号	项目编码	项目名称	项目特征	计量单位	工程量	备注
	1BAAEFCA2802	送粉管道	1．管道材质 Q235A 2．锅炉出力：3118t/h	t	440.000	乙供部分
1.6	1BAAFA	锅炉其他辅机				
	1BAAFACA1001	低温省煤器	1．材质：ND 钢 2．6×17%容量	t	1830.000	
	1BAAFACB1601	其他水泵	1．名称：低温省煤器凝结水升压泵 2．用途：低温省煤器凝结水升压用 3．参数：流量 1050m³/h，扬程 50mH₂O，电机功率 200kW，电压 6kV	台	2	
	1BAAFACB1602	其他水泵	1．名称：锅炉启动循环泵停机冷却水泵 2．用途：停机时冷却锅炉循环水泵用 3．参数：流量 50t/h，扬程 55mH₂O，电机功率 15kW，电压 380V	台	1	
	1BAAFACB1001	起重机械	1．名称：电动双梁悬挂过轨起重机 2．用途：磨煤机及电动机检修用 3．起重量：2×16t 4．起吊高度：12m	台	1	
	1BAAFACB1002	起重机械	1．名称：磨煤机侧单梁悬挂大车 2．用途：磨煤机及电动机检修用 3．起重量：16t 4．起吊高度：12m	台	7	
	1BAAFACB1003	起重机械	1．名称：电动葫芦 2．用途：磨煤机及电动机检修用 3．起重量：16t 4．起吊高度：12m	台	2	
（六）	1CA	电气系统				
1	1CAA	发电机电气与引出线				
1.1	1CAAAA	发电机电气与出线间				
	1CAAAACA0101	发电机电气	1．型号：QFSN-1000-2 型，含静态励磁系统 2．机组容量：1000MW	台	1	
	1CAAAACD1301	共箱封闭母线	1．型号：交流励磁母线，额定电压 1kV，额定电流 6300A 2．规格：外壳 900×600（$W×H$） 3．导体形式：铜母线	m	30.00	甲供（含成套附件）
	1CAAAACD1302	共箱封闭母线	1．型号：直流励磁母线，额定电压 1kV，额定电流 6300A 2．规格：外壳 700×500（$W×H$） 3．导体形式：铜母线	m	25.00	甲供（含成套附件）

序号	项目编码	项目名称	项目特征	计量单位	工程量	备注
1.2	1CAABA	发电机出口断路器				
	1CAABACC0101	断路器	1. 电压等级：额定电压 27kV 2. 电流强度：额定电流 28 000A，额定开断电流 160kA 3. 结构型式：发电机出口断路器，含避雷器、接地刀闸及 TV 等附件 4. 户内安装/户外安装：户内安装	台	1	
1.3	1CAACA	发电机引出线				
	1CAACACD1201	分相封闭母线	1. 型号：主回路全连式离相封闭母线，额定电压 27kV，额定电流 28 000A 2. 规格：导体 Æ1000mm/d=18mm，外壳 Æ1580mm/d=10mm	三相米	55.00	甲供（含成套附件）
	1CAACACD1202	分相封闭母线	1. 型号：厂用、励磁变压器及 TV 分支全连式离相封闭母线，额定电压 27kV，额定电流 2000A 2. 规格：导体 Æ200mm/d=10mm，外壳 Æ780mm/d=7mm	三相米	40.00	甲供（含成套附件）
	1CAACACD1301	共箱封闭母线	1. 型号：中性点连接母线，额定电压 27kV 2. 规格：外壳 600×600（$W×H$） 3. 导体形式：铜母线	m	5.00	甲供（含成套附件）

清单表-3

措施项目清单

工程名称：　　　　　　　　　　　　　　　　　　　　　　　　　　　　标段：

序号	项目编码	项目名称	项目特征	计量单位	工程量	备注
1		单价措施费				
2		总价措施费				
2.1		环境保护特殊措施费		项	1	按规定取费外额外增加的环境保护特殊措施费用

清单表-4

其他项目清单

工程名称：　　　　　　　　　　　　　　　　　　　　　　　　　　　　标段：

序号	项目名称	计量单位	金额	备注
1	暂列金额	元	3 000 000	明细详见清单表-4.1
2	暂估价	元	800 000	

序号	项目名称	计量单位	金额	备注
2.1	材料、工程设备暂估单价		—	明细详见清单表-4.2
2.2	专业工程暂估价	元	800 000	明细详见清单表-4.3
3	计日工			明细详见清单表-4.4
4	施工总承包服务项目			明细详见清单表-4.5
5	合同中约定的其他项目			
5.1	招标人供应设备、材料卸车保管费			
	……			

注：合同中约定的其他项目可包含招标人采购设备材料的二次转运及卸车保管费、建设场地征用及清理项费。

清单表-4.1

暂 列 金 额 明 细 表

工程名称：　　　　　　　　　　　　　　　　　　　　　　　　　　标段：

序号	项目名称	计量单位	暂列金额	备注
1	创国家优质工程金奖的措施费	元	3 000 000	
	合计		3 000 000	

注：此表由招标人填写，也可只列暂列金额总额，由投标人将上述暂列金额计入清单表-4中。

清单表-4.2

材料、工程设备暂估单价表

工程名称：　　　　　　　　　　　　　　　　　　　　　　　　金额单位：元

序号	材料、工程设备名称	规格、型号	计量单位	单价（元）	备注
	合计				

注：此表由招标人填写，编制最高投标限价和投标报价时，需将上述材料暂估价计入全费用综合单价。

清单表-4.3

专 业 工 程 暂 估 价 表

工程名称：

序号	项目名称	主要工程内容	计量单位	工程量	金额（元）	备注
1	可拆卸汽水管道阀门保温罩壳	材料及安装费	套	1	800 000	

注：此表由招标人填写，由投标人将上述专业工程暂估价计入清单表-4中。

清单表-4.4

计日工表

工程名称：

序号	项目名称	计量单位	工程量	备注
一	人工			
1	普通工	工日	300	
2	技术工	工日	100	
二	材料			
三	施工机械			

注：此表项目名称、暂定数量由招标人填写。编制最高投标限价时，单价由招标人按有关计价规定确定；投标时，单价由投标人自主报价。

清单表-4.5

施工总承包服务项目表

工程名称：

序号	项目名称	主要服务内容	金额（元）	备注

注：此表由招标人按工程实际情况填写，表中"金额"填写专业工程的发包费用。

清单表-5

投标人采购材料及设备表

工程名称：

序号	材料（设备）名称	型号规格	计量单位	数量	备注

注1：此表由招标人填写，对投标人采购的材料（设备）有品牌要求的，在此表中列出。如有暂估价的，招标人需在备注栏中说明。

注2：若招标人对投标人采购的材料设备无要求的，可以不填写本表。

清单表-6

招标人采购材料及设备表

工程名称：

序号	材料（设备）名称	型号规格	计量单位	数量	单价（元）	交货地点及方式	备注
1	冷风道风门、补偿器	综合	t	70	15 197.14	现场车面交货	不含税价

注1：招标人采购的设备无需列出明细清单，总价可以在备注中列出。

注2：本表未计列的材料均由投标人采购。

（三）最高投标限价编制

1. 编制步骤

（1）按照上文提供的招标工程量清单，编制最高投标限价。

（2）以冷风道安装为例，展示全费用安装单价组成。

最高投标限价表-4.1

工程名称：

金额单位：元

序号	项目编码	项目名称	计量单位	全费用综合单价组成												
				人工费	材机费	主要材料费		措施费			企业管理费	施工企业配合调试费	利润	规费	编制基准期价差	增值税	全费用综合单价
						材料费	其中：暂估价	措施费	其中：安全文明施工费	其中：临时设施费							
1	1BAAEACA2101	冷风道	t	444.7	573.83			546.41	237.77	147.18	275.45	33.1	682.74	219.1	22.09	251.77	3049.19
2	1BAAEACA2102	冷风道	t	444.7	573.83	6500		546.41	237.77	147.18	275.45	33.1	682.74	219.1	22.09	836.77	10134.19

工程量清单全费用综合单价分析表

编制最高投标限价时，可参考相应的电力建设工程定额，本例子中冷风道可参考《电力建设工程概算定额（2018年版）第二册 热力设备安装工程》GJ1-129 定额子目，查定额子目，热力设备安装工费 444.70 元，填入上表"人工费"。查定额中材料费 130.81 元，机械费 443.02 元，则材机费=130.81+443.02=573.83 元，填入上表"材机费"。上表中主要材料费使用的甲供材料费可以不填写（综合单价计算中，冷风道装材使用电力建设工程装置性材料综合预算价格（2018年版）FZ015 子目，综合预算价 8022 元/t，冷风道乙供材料费参考近期信息总加工费按 6500 元/t 计列。措施费、企业管理费、利润、规费、编制基准期价差、增值税按照《火力发电工程建设预算编制与计算规定（2018 年版）》燃煤发电基数确定单价。措施工工中冬雨季施工增加费安徽省取 5.2%，夜间施工增加费安装取 1.54%，施工工具用具使用费安装取 6.92%，特殊工程技术培训费 I 类地区取 7.85%，大型施工机械安拆与轨道铺拆费 I 类地区取 11.25%，临时设施费 I 类地区取 14.45%，施工机构迁移费 1000MW 取 3.55%，安全文明施工费安徽省取 2.63%，则措施费=444.70×（5.2+1.54+6.92+7.85+11.25+3.55）%+（444.7+130.81+443.02）×14.45%+（130.81+443.02）×2.63%=546.41 元，填入上表"措施

烟风煤管道安装

	定额编号		GJ1-129	GJ1-130	GJ1-131	GJ1-132	GJ1-133	GJ1-134
	项目		直吹式系统					
	单位		3050 t/h	1900 t/h	1025 t/h	670 t/h	420 t/h	220 t/h
	基价（元）		1018.53	1069.20	1088.16	1114.07	1061.98	1115.55
其中	人工费（元）	工日	444.70	452.80	466.52	468.25	452.57	459.62
	材料费（元）	工日	130.81	145.33	134.71	140.26	141.25	141.39
	机械费（元）		443.02	471.07	486.93	505.56	468.16	514.54
	名称	单位	数量					
人工	安装普通工	工日	0.8927	0.9106	0.9386	0.9402	0.9086	0.9222
	安装技术工	工日	3.5721	3.6361	3.7460	3.7611	3.6352	3.6922
材料计价材料	型钢 综合	kg	2.8709	2.8906	2.8052	2.9674	3.6265	3.0496
	圆钢 φ10以内	kg	0.7235	0.6680	0.5935	0.5997	0.7641	0.6653
	薄钢板 4以下	kg	1.4629	1.4325	1.4589	1.7045	1.5889	1.5278
	中厚钢板 6~12	kg		0.0046	0.0059			
	钢丝绳 φ15以下	kg	0.0152	0.0152	0.0164	0.0159	0.0129	0.0139
	电焊条 J422 综合	kg	8.5411	8.6678	9.5045	9.8182	8.1644	9.5789
	不锈钢电焊条 综合	kg		0.3991				
	镀锌铁丝	kg	0.6707	0.6616	0.6516	0.5958	0.7213	0.6051
	石棉扭绳	kg	0.4132	0.4329	0.4571	0.4854	0.4002	0.5050

费"中；安全文明施工费=（444.7+130.81+443.02+8022）×2.63%=237.77元，填入上表"其中：安全文明施工费"中；临时设施费=（444.7+130.81+443.02）×14.45%=147.18元，填入上表"其中：临时设施费"中。施工企业配合调试费费率为3.25%，施工企业配合调试费=（444.7+130.81+443.02）×3.25%=33.10元，填入上表"施工企业配合调试费"中；企业管理费安装工程费为61.94%，企业管理费=444.7×61.94%=275.45元，填入上表"企业管理费"中。规费中社会保险费安徽省为25.9%，公积金为12%，规费=444.7×1.3×（25.9+12）%=219.10元，填入上表"规费"中。

利润安装工程为6.75%，利润=（直接费+间接费）×利润率=（444.7+130.81+443.02+546.41+33.1+275.45+219.1）×6.75%=682.74元，填入上表"利润"。编制基准价人工价差调整按《电力工程造价与定额管理总站关于发布2018年版电力建设工程概预算定额管理费水平调整通知》（定额〔2021〕3号）规定的安徽省人工调整系数为安装工程4.66%，人工价差=444.7×4.66%=20.72元；材料和机械调整价差按定额〔2021〕3号规定的安徽省1000MW机组热力系统材机调整系数为0.24%，材料价差=443.02×0.24%=1.06元；因此编制期基准期材价差为：20.72+0.31+1.06=22.09元，填入上表"编制基准期价差"中。机械价差=130.81×0.24%=0.31元，填入上表"编制基准期价差"中，增值税=（直接费+间接费+利润+编制基准价差）×9%计取，增值税按照9%计取，对于甲供冷风道，增值税、编制基准价=（444.7+130.81+443.02+546.41+33.1+275.45+219.1+682.74+22.09）×9%=251.77元，填入上表"增值税"中。全费用综合单价=直接费+间接费+利润+编制基准价+增值税=444.7+130.81+443.02+546.41+33.1+275.45+219.1+682.74+22.09+251.77=3049.19元，填入上表"全费用综合单价"中。对于乙供冷风道，增值税=（444.7+130.81+443.02+6500+546.41+33.1+275.45+219.1+682.74+22.09）×9%=836.77元，填入上表"增值税"中；全费用综合单价=直接费+间接费+利润+编制基准价+增值税=444.7+130.81+443.02+6500+546.41+33.1+275.45+219.1+682.74+22.09+836.77=10134.19元，填入上表"全费用综合单价"中。详细计算见下表（仅为甲供情况下）：

冷风道全费用综合单价计算书

序号	编制依据	项目名称	单位	数量	单价			合价		
					装置性材料	安装	其中人工费	装置性材料	安装	其中工资
1.5		烟风煤管道							3049	445
1.5.1		冷风道								444.7
GJ1-129		烟风煤管道安装 直吹式系统 3050t/h	t	1.000		1018.53	444.7		1018.53	444.7
（甲）		1000MW冷风道	t	1.000	9064.86			9064.86		
		主材费小计：			9064.86			9064.86		
		小计：			9064.86	1018.53		9064.86	1018.53	444.7
一		直接费		100		9586.94			9586.94	
1		直接工程费		100		9040.53			9040.53	

续表

序号	编制依据	项目名称	单位	数量	单价 装置性材料	单价 安装	其中人工费	合价 装置性材料	合价 安装	其中工资
1.1		定额直接费		100		1018.53			1018.53	
1.1.1		人工费		100		444.7			444.7	
1.1.2		材料费		100		130.81			130.81	
1.1.3		施工机械使用费		100		443.02			443.02	
1.2		装置性材料费		100		8022			8022	
1.2.1		甲供装置性材料费		100		8022			8022	
2		措施费		100		546.41			546.41	
2.1		冬雨季施工增加费	%	5.2		444.7			23.12	
2.2		夜间施工增加费	%	1.54		444.7			6.85	
2.3		施工工具用具使用费	%	6.92		444.7			30.77	
2.4		特殊工程技术培训费	%	7.85		444.7			34.91	
2.5		大型施工机械安拆与轨道铺拆费	%	11.25		444.7			50.03	
2.7		临时设施费	%	14.45		1018.53			147.18	
2.8		施工机构迁移费	%	3.55		444.7			15.79	
2.9		安全文明施工费	%	2.63		9040.53			237.77	
三		间接费		100		527.65			527.65	
1		规费		100		219.1			219.1	
1.1		社会保险费	%	25.9		578.11			149.73	
1.2		住房公积金	%	12		578.11			69.37	
2		企业管理费	%	61.94		444.7			275.45	
3		施工企业配合调试费	%	3.25		1018.53			33.1	

续表

序号	编制依据	项目名称	单位	数量	单价 装置性材料	单价 安装	单价 其中人工费	合价 装置性材料	合价 安装	合价 其中工资
三	利润		%	6.75		10 114.6			682.74	
四	编制基准期价差					22.09			22.09	
1	人工价差		%	4.66		444.7			20.72	
2	材料价差		%	0.24		130.81			0.31	
3	机械价差		%	0.24		443.02			1.06	

（3）完成全费用综合单价计算后，根据招标工程量清单及全费用费用综合单价，可以得到"最高投标限价表-4 分部分项工程量清单计价表"。

最高投标限价表-4

分部分项工程清单计价表

工程名称：

金额单位：元

序号	项目编码	项目名称	项目特征	计量单位	工程量	单价 单价	单价 人工费	单价 材机费	单价 其中: 主要材料费 材料费	单价 其中: 主要材料费 其中:暂估价	单价 安全文明施工费、临时设施费	合价 合计	合价 人工费	合价 材机费	合价 其中: 主要材料费 材料费	合价 其中: 主要材料费 其中:暂估价	合价 安全文明施工费、临时设施费
1	1BAAEACA2201	冷风道	1. 管道材质 Q235A 2. 锅炉出力：3118t/h	t	70	3049.19	444.7	573.83			384.94	213 443	31 129	40 168			26 946
2	1BAAEACA2202	冷风道	1. 管道材质 Q235A 2. 锅炉出力：3118t/h	t	330	10 134.19	444.7	573.83	6500		384.94	3 344 283	146 751	189 364	2 145 000		127 031

（4）在整个标段分部分项工程量清单计价表汇总后，按照计价规范编制"分部分项工程费用汇总表"。
（5）最后按照计价规范的规定编写编写汇总"工程项目最高投标限价汇总表"。

2. 最高投标限价表格
最高投标限价封–1.1

××电厂 2×1000MW 机组超超临界燃煤发电项目工程

最 高 投 标 限 价

招标人： _____　　法定代表人
　　　　　（单位盖章）　　　　　　　　或其授权人： _____
　　　　　　　　　　　　　　　　　　　　　　　　　（签字或盖章）

工程造价　　　　　　　　　　　　　　　法定代表人
咨询人： _____　　或其授权人： _____
　　　　（单位资质专用章）　　　　　　　　　　　　（签字或盖章）

编制人： _____　　复核人： _____
　　　　（签字、盖专用章）　　　　　　　　　　　（签字、盖专用章）

编制时间：20××年××月××日　　　　　复核时间：20××年××月××日

填 表 须 知

1　最高投标限价应由具有编制能力的招标人或受其委托的电力工程造价咨询人编制和复核。

2　工程量清单计价格式中的任何内容不应删除或涂改。

3　工程量清单计价格式中列明的所有需要填报的单价和合价，招标人均应填报。

4　金额（价格）以人民币"元"为单位，单价保留小数点后两位，合价取整数。

5　工程量清单计价格式的填写应符合下列规定：

1）　工程量清单计价格式中所有要求签字、盖章的地方，应由规定的单位和人员签字、盖章。编制人是指电力工程造价专业的人员。

2）　工程项目最高投标限价/投标报价表的分部分项工程费、投标人采购设备费、措施项目费、其他项目费应按相应工程项目费用汇总表中合计栏的金额填写。

3）　编制说明应包括：工程概况、编制依据以及其他需要说明的问题。

4）　分部分项工程量清单计价表的序号、项目编码、项目名称、项目特征、计量单位、工程量应按分部分项工程量清单中的相应内容填写，全费用综合单价应本按规范的要求计算，填入表格。

5）　招标人采购材料（设备）计价表应按招标人提供招标人采购材料（设备）表进行计算填写，所填写的单价应与工程量清单中采用的相应单价一致。

6）　措施项目清单计价表招标人应按招标文件已列的措施项目填写。

7）　计日工计价表中人工、材料、机械名称、计量单位和相应数量应按计日工表中相应的内容填写，工程竣工后，计日工工作费应按实际完成的工程量所需费用结算。

8）　如有需要说明的其他事项可增加条款。

最高投标限价表–1

最高投标限价编制说明

工程名称：

1．编制依据

1.1　国家能源局发布的《电力建设工程工程量清单计价规范》（DL/T 5745—2021）。

1.2　国家能源局发布的《电力建设工程工程量清单计算规范火力发电工程》（DL/T 5369—2021）。

1.3　招标文件。

1.4　招标人提供的招标工程量清单。

2．编制方法

2.1　工程量按照招标人提供的招标工程量清单。

2.2　计算规定：采用《火力发电工程建设预算编制与计算规定（2018 年版）》。

2.3　定额：采用《电力建设工程概（预）算定额（2018 年版）》。

2.4　工程取费按照 1000MW 新建工程、Ⅰ类地区取费。

2.5　计算装置性材料安装费时，装置性材料价格按照《电力建设工程装置性材料综合预算价格（2018 年版）》参与取费，乙供装置性材料以当地市场最新的信息价或近期合同价格计入全费用综合单价中。

2.6　定额价格水平调整：按《电力工程造价与定额管理总站关于发布 2018 版电力建设工程概预算定额价格 2020 年度价格水平调整的通知》（定额〔2021〕3 号）执行。

最高投标限价表-2

工程项目最高投标限价汇总表

工程名称：

序号	项目或费用名称	金额（元）	备注
1	分部分项工程费	106 498 058	
	其中：暂估价材料费		
	其中：安全文明施工费、临时设施费	8 667 444	
2	投标人采购设备费		
3	措施项目费	600 000	
4	其他项目费	3 896 000	
4.1	其中：计日工	96 000	
4.2	其中：专业工程暂估价	800 000	
4.3	其中：暂列金额	3 000 000	
	最高投标限价合计=1+2+3+4	110 994 058	

最高投标限价表-3

分部分项工程费用汇总表

工程名称：

金额单位：元

序号	项目或费用名称	金额				备注
		合计	其中：人工费	其中：暂估价材料费	其中：安全文明施工费、临时设施费	
	安装工程	**106 498 058**	**14 565 484**		**8 667 444**	
一	主辅生产工程	**106 498 058**	**14 565 484**		**8 667 444**	
（一）	热力系统	**105 367 830**	**14 397 766**		**8 523 837**	
1	锅炉机组	**105 367 830**	**14 397 766**		**8 523 837**	
1.1	锅炉本体	66 011 029	9 759 023		6 036 597	
1.1.1	组合安装	61 199 507	9 391 535		5 529 703	
1.1.2	点火装置	520 785	119 059		37 829	
1.1.3	分部试验及试运	4 290 737	248 429		469 065	
1.2	风机	1 042 362	243 141		74 676	
1.3	除尘装置	12 464 552	2 382 312		1 005 810	
1.4	制粉系统	1 022 627	258 612		68 948	
1.5	烟风煤管道	22 653 896	1 320 759		1 166 410	
1.5.1	冷风道	3 557 726	177 880		153 977	
1.5.2	热风道	4 149 165	351 313		307 575	
1.5.3	烟道	9 193 029	444 700		375 739	
1.5.4	原煤管道	57 342	8894		6779	
1.5.5	送粉管道	5 696 635	337 972		322 339	
1.6	锅炉其他辅机	2 173 365	433 919		171 396	
（六）	电气系统	**1 130 227**	**167 718**		**143 607**	
1	发电机电气与引出线	**1 130 227**	**167 718**		**143 607**	
1.1	发电机电气与出线间	430 247	71 510		45 251	
1.2	发电机出口断路器	16 209	3905		1236	
1.3	发电机引出线	683 771	92 304		97 120	

最高投标限价表—4

分部分项工程量清单计价表

工程名称：

金额单位：元

序号	项目编码	项目名称	项目特征	计量单位	工程量	单价						合价					
						单价	人工费	材机费	材料费	其中：暂估价	安全文明施工费、临时设施费	合计	人工费	材机费	材料费	其中：暂估价	安全文明施工费、临时设施费
	1B	安装工程										106 498 058	14 565 484	31 949 232	12 391 000		8 667 444
一	1BA	主辅生产工程										105 367 831	14 397 766	31 703 541	12 391 000		8 523 837
（一）	1BAA	热力系统										105 367 831	14 397 766	31 703 541	12 391 000		8 523 837
1	1BAAA	锅炉机组										66 011 029	9 759 023	25 584 053			6 036 597
1.1	1BAAAA	锅炉本体										61 199 507	9 391 535	22 983 775			5 529 703
1.1.1	1BAAAAA	组合安装															
	1BAAAACA0101	锅炉钢架	1．1050MW 超超临界直流 π 型炉 2．锅炉出力：3118t/h 3．参数：29.4MPa（g），605℃/623℃	t	13 656.000	1704.95	225	723.74			162.04	23 282 773	3 072 600	9 883 393			2 212 884
	1BAAAACA0201	锅炉钢架油漆	1．1050MW 超超临界直流 π 型炉 2．容量 3118t/h 3．参数：29.4MPa（g），605℃/623℃	t	13 656.000	267.09	53.37	72.11			21.43	3 647 396	728 821	984 734			292 675
	1BAAAACA0301	锅炉本体	1．1050MW 超超临界直流 π 型炉 2．锅炉出力：3118t/h 3．参数：29.4MPa（g），605℃/623℃	t	10 264.000	3229.25	523.91	1148.18			285.59	33 145 065	5 377 412	11 784 920			2 931 326

序号	项目编码	项目名称	项目特征	计量单位	工程量	单价						合价					
						合计	人工费	材机费	其中:主要材料费 材料费	其中:暂估价	安全文明施工费、临时设施费	合计	人工费	材机费	其中:主要材料费 材料费	其中:暂估价	安全文明施工费、临时设施费
	1BAAAACA0401	空气预热器	1. 型式:三分仓回转式 2. 空气预热器转子直径: 17 286mm	台	2	562 136.1	106 351.1	165 363.9			46 408.92	1 124 272	212 702	330 728			92 818
1.1.2	1BAAAB	点火装置										520 785	119 059	102 422			37 829
	1BAAABCA0501	等离子点火装置附属设备和管道	1050MW 超超临界直流 π 型炉	台炉	1	520 785.07	119 059.48	102 422.37			37 829.1	520 785	119 059	102 422			37 829
1.1.3	1BAAAC	分部试验及试运										4 290 737	248 429	2 497 856			469 065
	1BAAACCA0601	锅炉本体分部试运	1050MW 直超临界直流 π 型炉	台炉	1	1 392 827.2	63 420.19	849 724.99			155 965.2	1 392 827	63 420	849 725			155 965
	1BAAACCA0701	锅炉本体清洗	1. 按 EDTA 方式清洗 2. 1050MW 超超临界直流 π 型炉 3. 锅炉出力:3118t/h	台炉	1	2 897 909.4	185 008.44	1 648 130.5			313 100.14	2 897 909	185 008	1 648 131			313 100
1.2	1BAABA	风机										1 042 362	243 141	194 070			74 676
	1BAABACA0901	送风机	1. 动叶可调轴流式 2. 出力: Q=390m³/s 3. 压头: H=5414Pa 4. 电动机功率 2800kW，电压 10kV	台	2	176 569.95	39 833.11	35 930.51			12 940.43	353 140	79 666	71 861			25 881

| 序号 | 项目编码 | 项目名称 | 项目特征 | 计量单位 | 工程量 | 单价 | | | 其中: | | | 合价 | | | 其中: | | |
| | | | | | | | | | 主要材料费 | | 安全文明施工费、临时设施费 | | | | 主要材料费 | | 安全文明施工费、临时设施费 |
						单价	人工费	材机费	材料费	其中:暂估价		合计	人工费	材机费	材料费	其中:暂估价	
	1BAAABACA1001	一次风机	1.动叶可调轴流式 2.出力:Q=144m³/s 3.压头:H=15 526 Pa 4.电动机功率2900kW,电压10kV	台	2	143 859.85	35 060.03	23 389.6			9983.2	287 720	70 120	46 779			19 966
	1BAAABACA1101	引风机	1.动叶可调轴流式 2.出力:Q=717m³/s 3.压头:H=10 386 Pa 4.电动机功率9300kW,电压10kV	台	2	200 750.96	46 677.16	37 714.84			14 414.15	401 502	93 354	75 430			28 828
1.3	1BAACA	除尘装置										12 464 552	2 382 312	3 506 505			1 005 810
	1BAACACA1301	低低温静电除尘器	1.三室五电场,所有电场采用高频电源 2.每台锅炉3台电除尘器 3.除尘效率>99.935%	t	5100.000	2444.03	467.12	687.55			197.22	12 464 552	2 382 312	3 506 505			1 005 810
1.4	1BAADA	制粉系统										1 022 627	258 612	145 067			68 948
	1BAADACA1701	磨煤机	1.中速磨煤机 2.磨煤机型号:HP1163/Dyn 3.电动机功率950kW,电压10kV	台	6	154 698.68	39 525.1	21 034.25			10 343.54	928 192	237 151	126 206			62 061

续表

序号	项目编码	项目名称	项目特征	计量单位	工程量	单价						合价					
						单价	人工费	材机费	主要材料费 材料费	其中:暂估价	安全文明施工费、临时设施费	合计	人工费	材机费	主要材料费 材料费	其中:暂估价	安全文明施工费、临时设施费
	1BAADACA1801	给煤机	1. 电子称重式给煤机 2. 出力 Q=10～120t/h 3. 给煤距离 L=2250mm 4. 变频调速电动机 4kW，电压 380V	台	6	11 802.54	2776.88	2143.63			840.42	70 815	16 661	12 862			5043
	1BAADACA2101	煤斗疏松机	1. 液压传动式，电控方式 2. 型号：HT-SSJ-I-1/2	台	6	3936.69	800	1000			307.44	23 620	4800	6000			1845
1.5	1BAAE	烟风煤管道										22 653 896	1 320 759	1 704 275	12 391 000		1 166 410
1.5.1	1BAAEA	冷风道										3 557 726	177 880	229 532	2 145 000		153 977
	1BAAEACA2201	冷风道	1. 管道材质 Q235A 2. 锅炉出力：3118 t/h	t	70.000	3049.19	444.7	573.83			384.94	213 443	31 129	40 168			26 946
	1BAAEACA2202	冷风道	1. 管道材质 Q235A 2. 锅炉出力：3118 t/h	t	330.000	10 134.19	444.7	573.83	6500		384.94	3 344 283	146 751	189 364	2 145 000		127 031
1.5.2	1BAAEB	热风道										4 149 165	351 313	453 326	1 584 000		307 575
	1BAAEBCA2301	热风道	1. 管道材质 Q235A 2. 锅炉出力：3118 t/h	t	550.000	3066.59	444.7	573.83			389.34	1 686 623	244 585	315 607			214 135

177

序号	项目编码	项目名称	项目特征	计量单位	工程量	单价						合价					
						单价	人工费	材机费	主要材料费 材料费	其中:暂估价	安全文明施工费、临时设施费	合计	人工费	材机费	主要材料费 材料费	其中:暂估价	安全文明施工费、临时设施费
	1BAAEBCA2302	热风道	1. 管道材质 Q235A 2. 锅炉出力: 3118 t/h	t	240.000	10 260.59	444.7	573.83	6600		389.34	2 462 541	106 728	137 719	1 584 000		93 441
1.5.3	1BAAEC	烟道							5 670 000			9 193 029	444 700	573 830	5 670 000		375 739
	1BAAECCA2401	烟道	1. 管道材质 Q235A 2. 锅炉出力: 3118 t/h	t	100.000	3012.73	444.7	573.83			375.74	301 273	44 470	57 383			37 574
	1BAAECCA2402	烟道	1. 管道材质 Q235A 2. 锅炉出力: 3118 t/h	t	900.000	9879.73	444.7	573.83	6300		375.74	8 891 756	400 230	516 447	5 670 000		338 165
1.5.4	1BAAED	原煤管道										57 342	8894	11 477			6779
	1BAAEDCA2601	原煤管道	1. 管道材质: 不锈钢 2. 锅炉出力: 3118 t/h	t	20.000	2867.09	444.7	573.83			338.97	57 342	8894	11 477			6779
1.5.5	1BAAEF	送粉管道							2 992 000			5 696 635	337 972	436 111	2 992 000		322 339
	1BAAEFCA2801	送粉管道	1. 管道材质 Q235A 2. 锅炉出力: 3118 t/h	t	320.000	3204.41	444.7	573.83			424.13	1 025 413	142 304	183 626			135 722
	1BAAEFCA2802	送粉管道	1. 管道材质 Q235A 2. 锅炉出力: 3118 t/h	t	440.000	10 616.41	444.7	573.83	6800		424.13	4 671 222	195 668	252 485	2 992 000		186 617

序号	项目编码	项目名称	项目特征	计量单位	工程量	单价				主要材料费	安全文明施工费、临时设施费	合价				主要材料费	安全文明施工费、临时设施费
						单价	人工费	材机费		材料费 / 其中:暂估价		合计	人工费	材机费		材料费 / 其中:暂估价	
1.6	1BAAFA	锅炉其他辅机										**2 173 365**	**433 919**	**569 571**			**171 396**
	1BAAFACA3101	低温省煤器	1. 材质：ND 钢 2. 6×17%容量	t	1830.000	1050.49	200.5	296.15			84.83	1 922 394	366 915	541 955			155 235
	1BAAFACB1601	其他水泵	1. 名称：低温省煤器凝结水升压泵 2. 用途：低温省煤器凝结水升压用 3. 参数：流量1050m³/h，扬程50mH₂O，电机功率200kW，电压6kV	台	2	16 271.8	4003.92	2559.03			1120.95	32 544	8008	5118			2242
	1BAAFACB1602	其他水泵	1. 名称：锅炉启动循环泵冷却机水泵 2. 用途：停机时冷却锅炉循环水泵用 3. 参数：流量50t/h，扬程55mH₂O，电机功率15kW，电压380V	台	1	1262.33	333.66	146.48			82.01	1262	334	146			82
	1BAAFACB1001	起重机械	1. 名称：电动双梁悬挂起重机电动葫芦 2. 用途：磨煤机及电动机检修用 3. 起重量：2×16t 4. 起吊高度：12m	台	1	140 938.24	39 130.08	12 116.58			8752.93	140 938	39 130	12 117			8753

续表

序号	项目编码	项目名称	项目特征	计量单位	工程量	单价	人工费	材机费	其中:材料费	其中:暂估价	安全文明施工费、临时设施费	合计	人工费	材机费	其中:材料费	其中:暂估价	安全文明施工费、临时设施费
	1BAAFACB1002	起重机械	1. 名称：磨煤基挂大车单梁悬挂机侧 2. 用途：磨煤机及电动机检修用 3. 起重量：16t 4. 起吊高度：12m	台	7	9502.94	2441.61	1261.32			632.46	66 521	17 091	8829			4427
	1BAAFACB1003	起重机械	1. 名称：电动葫芦 2. 用途：磨煤机及电动机检修用 3. 起重量：16t 4. 起吊高度：12m	台	2	4853.02	1220.81	703.04			328.59	9706	2442	1406			657
(六)	1CA	电气系统										1 130 227	167 718	245 691			143 607
1	1CAA	发电机电气与引出线										1 130 227	167 718	245 691			143 607
1.1	1CAAAA	发电机电气与出线间										430 247	71 510	120 603			45 251
	1CAAAACA0101	发电电气	1. 型号、规格：QFSN-1000-2 型，含静态励磁系统 2. 机组容量：1000MW	台	1	341 896.43	63 397.61	109 763.75			29 576	341 896	63 398	109 764			29 576

序号	项目编码	项目名称	项目特征	计量单位	工程量	单价 单价	单价 其中:人工费	单价 其中:材机费	单价 主要材料费 材料费	单价 主要材料费 其中:暂估价	单价 安全文明施工费、临时设施费	合计	合价 人工费	合价 材机费	合价 主要材料费 材料费	合价 主要材料费 其中:暂估价	合价 安全文明施工费、临时设施费
	1CAAAACD1301	共箱封闭母线	1. 型号:交流励磁母线 1kV,额定电流 6300A 2. 导体形式:铜母线	m	30.00	1606.37	147.49	197.07			285	48 191	4425	5912			8550
	1CAAAACD1302	共箱封闭母线	1. 型号:直流励磁母线 1kV,额定电流 6300A 2. 导体形式:铜母线	m	25.00	1606.37	147.49	197.07			285	40 159	3687	4927			7125
1.2	1CAABA	发电机出口断路器										16 209	3905	3331			1236
	1CAABACC0101	断路器	1. 电压等级:额定电压 27kV 2. 电流强度:额定电流 28 000A,额定开断电流 160kA 3. 结构形式:发电机出口断路器,含避雷器、接地刀闸及 TV 等附件 4. 安装:户内安装户外	台	1	16 209.29	3905.11	3330.59			1236	16 209	3905	3331			1236
1.3	1CAACA	发电机引出线										683 771	92 304	121 758			97 120

序号	项目编码	项目名称	项目特征	计量单位	工程量	单价						合价					
						单价	人工费	材机费	其中:主要材料费		安全文明施工费、临时设施费	合计	人工费	材机费	其中:主要材料费		安全文明施工费、临时设施费
									材料费	其中:暂估价					材料费	其中:暂估价	
	1CAAACACD1201	分相封闭母线	1．型号：主回路全连式离相封闭母线，额定电压27kV，额定电流28 000A 2．规格：导体 直径1000mm/d=18mm，外壳 直径1580mm/d=10mm	三相米	55.00	8488.87	1289.82	1565			1113	466 888	70 940	86 075			61 215
	1CAAACACD1202	分相封闭母线	1．型号：厂用、励磁变压器及TV分支全连式离相封闭母线，额定电压27kV，额定电流2000A 2．规格：导体 直径200mm/d=10mm，外壳 直径780mm/d=7mm	三相米	40.00	5221.29	515.65	867.43			862	208 852	20 626	34 697			34 480
	1CAAACACD1301	共箱封闭母线	1．型号：中性点连接母线，额定电压27kV 2．规格：外壳600×600（W×H）3．导体形式：铜母线	m	5.00	1606.38	147.49	197.07			285	8032	737	985			1425
分部分项工程小计				元								106 498 058	14 565 484	31 949 232	12 391 000		8 667 444

最高投标限价表—4.1

工程量清单全费用综合单价分析表

金额单位：元

工程名称：

序号	项目编码	项目名称	计量单位	全费用综合单价组成													全费用综合单价
				人工费	材机费	主要材料费		措施费			企业管理费	施工企业配合调试费	规费	利润	编制基准期价差	增值税	
						材料费	其中：暂估价	措施费	其中：安全文明施工费	其中：临时设施费							
一		主辅生产工程															
(一)	1BA	热力系统															
1	1BAA	锅炉机组															
1.1	1BAAA	锅炉本体															
1	1BAA	锅炉机组															
1.1	1BAAA	锅炉本体															
1.1.1	1BAAAA	组合安装															
	1BAAAACA0101	锅炉钢架	t	225	723.74			243.74	24.95	137.09	139.37	30.83	110.86	99.46	−8.83	140.78	1704.95
	1BAAAACA0201	锅炉钢架油漆	t	53.37	72.11			40.81	3.3	18.13	33.06	4.08	26.3	15.51	−0.19	22.05	267.09
	1BAAAACA0301	锅炉本体	t	523.91	1148.18			475.82	43.98	241.62	324.51	54.34	258.13	187.98	−10.26	266.64	3229.25
	1BAAAACA0401	空气预热器	台	106 351.11	165 363.9			85 025.01	7146.1	39 262.82	65 873.88	8830.74	52 399.19	32 659.46	−782.08	46 414.91	562 136.12
1.1.2	1BAAAB	点火装置															
	1BAAAABCA0501	等离子点火装置附属设备和管道	台炉	119 059.48	102 422.37			81 059.6	5824.97	32 004.13	73 745.44	7198.16	58 660.61	29 844.83	5793.98	43 000.6	520 785.07
1.1.3	1BAAAC	分部试验及试运															
	1BAAACCA0601	锅炉本体分部试运	台炉	63 420.19	849 724.99			178 993.07	24 015.72	131 949.48	39 282.47	29 677.22	31 247.13	80 483.29	4994.72	115 004.08	1 392 827.15
	1BAAACCA0701	锅炉本体清洗	台炉	185 008.44	648 130.54			380 276.7	48 211.56	264 888.58	114 594.23	59 577.02	91 153.66	167 314.99	12 576.9	239 276.92	2 897 909.4
1.2	1BAABA	风机															
	1BAABACA0901	送风机	台	39 833.11	35 930.51			27 403.83	1992.58	10 947.84	24 672.63	2462.32	19 625.77	10 120.15	1942.46	14 579.17	176 569.95
	1BAABACA1001	一次风机	台	35 060.03	23 389.6			22 713.49	1537.23	8445.97	21 716.18	1899.61	17 274.08	8238.58	1689.94	11 878.34	143 859.85

续表

序号	项目编码	项目名称	计量单位	人工费	材机费	主要材料费		措施费			企业管理费	施工企业配合调试费	规费	利润	编制基准期价差	增值税	全费用综合单价
						材料费	其中:暂估价	措施费	其中:安全文明施工费	其中:临时设施费							
	1BAABACA1101	引风机	台	46677.16	37714.84			31362.63	2219.51	12194.64	28911.83	2742.74	22997.84	11502.48	2265.68	16575.77	200750.96
1.3	1BAACA	除尘装置															
	1BAACACA1301	低低温静电除尘器	t	467.12	687.55			366.83	30.37	166.85	289.33	37.53	230.15	140.3	23.42	201.8	2444.03
1.4	1BAADA	制粉系统															
	1BAADACA1701	磨煤机	台	39525.1	21034.25			24695.1	1592.71	8750.83	24481.85	1968.18	19474.02	8854.55	1892.35	12773.29	154698.68
	1BAADACA1801	给煤机	台	2776.88	2143.63			1848.71	129.41	711.01	1720	159.92	1368.17	676.17	134.55	974.52	11802.54
	1BAADACA2101	煤斗疏松机	台	800	1000			597.92	47.34	260.1	495.52	58.5	394.16	225.86	39.68	325.05	3936.69
1.5	1BAAE	烟风煤管道															
1.5.1	1BAAEA	冷风道															
	1BAAEACA2201	冷风道	t	444.7	573.83			546.41	237.77	147.18	275.45	33.1	219.1	682.74	22.09	251.77	3049.19
	1BAAEACA2202	冷风道	t	444.7	573.83		6500	546.41	237.77	147.18	275.45	33.1	219.1	682.74	22.09	836.77	10134.19
1.5.2	1BAAEB	热风道															
	1BAAEBCA2301	热风道	t	444.7	573.83			550.81	242.16	147.18	275.45	33.1	219.1	694.3	22.09	253.2	3066.59
	1BAAEBCA2302	热风道	t	444.7	573.83		6600	550.81	242.16	147.18	275.45	33.1	219.1	694.3	22.09	847.2	10260.59
1.5.3	1BAAEC	烟道															
	1BAAECCA2401	烟道	t	444.7	573.83			537.21	228.56	147.18	275.45	33.1	219.1	658.49	22.09	248.76	3012.73
	1BAAECCA2402	烟道	t	444.7	573.83		6300	537.21	228.56	147.18	275.45	33.1	219.1	658.49	22.09	815.76	9879.73
1.5.4	1BAAED	原煤管道															
	1BAAEDCA2601	原煤管道	t	444.7	573.83			500.44	191.79	147.18	275.45	33.1	219.1	561.64	22.09	236.73	2867.09
1.5.5	1BAAEF	送粉管道															
	1BAAEFCA2801	送粉管道	t	444.7	573.83			585.6	276.95	147.18	275.45	33.1	219.1	785.96	22.09	264.58	3204.41
	1BAAEFCA2802	送粉管道	t	444.7	573.83		6800	585.6	276.95	147.18	275.45	33.1	219.1	785.96	22.09	876.58	10616.41
1.6	1BAAFA	锅炉其他辅机															

序号	项目编码	项目名称	计量单位	人工费	材机费	主要材料费 材料费	其中:暂估价	措施费 措施费	其中:安全文明施工费	其中:临时设施费	企业管理费	施工企业配合调试费	规费	利润	编制基准期价差	增值税	全费用综合单价
	1BAAFACA3101	低温省煤器	t	200.5	296.15			157.63	13.06	71.77	124.19	16.14	98.79	60.3	10.05	86.74	1050.49
	1BAAFACB1601	其他水泵	台	4003.92	2559.03			2574.78	172.61	948.35	2480.03	213.3	1972.73	931.76	192.72	1343.54	16 271.8
	1BAAFACB1602	其他水泵	台	333.66	146.48			203.16	12.63	69.38	206.67	15.6	164.39	72.22	15.91	104.23	1262.33
	1BAAFACB1001	起重机械	台	39 130.08	12 116.58			22 961.06	1347.79	7405.14	24 237.17	1665.52	19 279.39	8058.81	1852.53	11 637.1	140 938.24
	1BAAFACB1002	起重机械	台	2441.61	1261.32			1519.01	97.39	535.07	1512.33	120.35	1202.98	543.89	116.81	784.65	9502.94
	1BAAFACB1003	起重机械	台	1220.81	703.04			771.87	50.6	278	756.17	62.53	601.49	277.82	58.58	400.71	4853.02
(六)	1CA	电气系统															
1	1CAA	发电机电气与引出线															
1.1	1CAAAA	发电机电气与出线间															
	1CAAAACA0101	发电机电气	台	63 397.61	109 763.75			40 486.69	4554	25 022	39 268	5628	31 236	19 560	4326.38	28 230	341 896.43
	1CAAAACD1301	共箱封闭母线	m	147.49	197.07			309.81	235	50	91	11	72.67	635	9.33	133	1606.37
	1CAAAACD1302	共箱封闭母线	m	147.49	197.07			309.81	235	50	91	11	72.67	635	9.33	133	1606.37
1.2	1CAABA	发电机出口断路器															
	1CAABACC0101	断路器	台	3905.11	3330.59			1907.93	190	1046	2419	235	1924.05	926	223.61	1338	16 209.29
1.3	1CAACA	发电机引出线															
	1CAACACD1201	分相封闭母线	三相米	1289.82	1565			1334.89	700	413	799	93	635.49	1991	79.67	701	8488.87
	1CAACACD1202	分相封闭母线	三相米	515.65	867.43			950.28	662	200	319	45	254.06	1804	34.87	431	5221.29
	1CAACACD1301	共箱封闭母线	m	147.49	197.07			309.81	235	50	91	11	72.67	635	9.34	133	1606.38

注1: 材机费=消耗性材料+机械费。

注2: 措施费:按费率计取。

注3: 在安装工程中计列入施工企业配合调试费。

工程量清单全费用综合单价人、材、机计价表

金额单位：元

工程名称：

序号	项目编码（编制依据）	项目名称	计量单位	工程量（数量）	单价				合价			
					人工费	材机费	主要材料费		人工费	材机费	主要材料费	
							材料费	其中：暂估价			材料费	其中：暂估价
	1B	安装工程										
一	1BA	主辅生产工程										
(一)	1BAA	热力系统										
1	1BAAA	锅炉机组										
1.1	1BAAAA	锅炉本体										
1.1.1	1BAAAAA	组合安装										
	1BAAAACA0101	锅炉钢架	t	13 656.000	225	723.74			3 072 600	9 883 393.44		
	1BAAAACA0201	锅炉钢架油漆	t	13 656.000	53.37	72.11			728 820.72	984 734.16		
	1BAAAACA0301	锅炉本体	t	10 264.000	523.91	1148.18			5 377 412.24	11 784 919.52		
	1BAAAACA0401	空气预热器	台	2	106 351.11	165 363.9			212 702.22	330 727.8		
1.1.2	1BAAAB	点火装置										
	1BAAABCA0501	等离子点火装置附属设备和管道	台炉	1	119 059.48	102 422.37			119 059.48	102 422.37		
1.1.3	1BAAAC	分部试验及试运										
	1BAAACCA0601	锅炉本体分部试运	台炉	1	63 420.19	849 724.99			63 420.19	849 724.99		
	1BAAACCA0701	锅炉本体清洗	台炉	1	185 008.44	1 648 130.54			185 008.44	1 648 130.54		
1.2	1BAABA	风机										
	1BAABACA0901	送风机	台	2	39 833.11	35 930.51			79 666.22	71 861.02		
	1BAABACA1001	一次风机	台	2	35 060.03	23 389.6			70 120.06	46 779.2		
	1BAABACA1101	引风机	台	2	46 677.16	37 714.84			93 354.32	75 429.68		

序号	项目编码（编制依据）	项目名称	计量单位	工程量（数量）	单价 人工费	单价 材机费	单价 主要材料费 材料费	单价 主要材料费 其中：暂估价	合价 人工费	合价 材机费	合价 主要材料费 材料费	合价 主要材料费 其中：暂估价
1.3	1BAACA	除尘装置										
	1BAACACA1301	低低温静电除尘器	t	5100.000	467.12	687.55			2 382 312	3 506 505		
1.4	1BAADA	制粉系统										
	1BAADACA1701	磨煤机	台	6	39 525.1	21 034.25			237 150.6	126 205.5		
	1BAADACA1801	给煤机	台	6	2776.88	2143.63			16 661.28	12 861.78		
	1BAADACA2101	煤斗疏松机	台	6	800	1000			4800	6000		
1.5	1BAAE	烟风煤管道										
1.5.1	1BAAEA	冷风道										
	1BAAEACA2201	冷风道	t	70.000	444.7	573.83			31 129	40 168.1		
	1BAAEACA2202	冷风道	t	330.000	444.7	573.83	6500		146 751	189 363.9	2 145 000	
1.5.2	1BAAEB	热风道										
	1BAAEBCA2301	热风道	t	550.000	444.7	573.83			244 585	315 606.5		
	1BAAEBCA2302	热风道	t	240.000	444.7	573.83	6600		106 728	137 719.2	1 584 000	
1.5.3	1BAAEC	烟道										
	1BAAECCA2401	烟道	t	100.000	444.7	573.83			44 470	57 383		
	1BAAECCA2402	烟道	t	900.000	444.7	573.83	6300		400 230	516 447	5 670 000	
1.5.4	1BAAED	原煤管道										
	1BAAEDCA2601	原煤管道	t	20.000	444.7	573.83			8894	11 476.6		
1.5.5	1BAAEF	送粉管道										
	1BAAEFCA2701	送粉管道	t	320.000	444.7	573.83			142 304	183 625.6		
	1BAAEFCA2702	送粉管道	t	440.000	444.7	573.83	6800		195 668	252 485.2	2 992 000	

序号	项目编码（编制依据）	项目名称	计量单位	工程量（数量）	单价 人工费	单价 材机费	单价 主要材料费 材料费	单价 主要材料费 其中:暂估价	合价 人工费	合价 材机费	合价 主要材料费 材料费	合价 主要材料费 其中:暂估价
1.6	1BAAFA	锅炉其他辅机										
	1BAAFACA1001	低温省煤器	t	1830.000	200.5	296.15			366 915	541 954.5		
	1BAAFACB1601	其他水泵	台	2	4003.92	2559.03			8007.84	5118.06		
	1BAAFACB1602	其他水泵	台	1	333.66	146.48			333.66	146.48		
	1BAAFACB1001	起重机械	台	1	39 130.08	12 116.58			39 130.08	12 116.58		
	1BAAFACB1002	起重机械	台	7	2441.61	1261.32			17 091.27	8829.24		
	1BAAFACB1003	起重机械	台	2	1220.81	703.04			2441.62	1406.08		
(六)	1CA	电气系统										
1	1CAA	发电机电气与引出线										
1.1	1CAAAA	发电机电气与出线间										
	1CAAAACA0101	发电机电气	台	1	63 397.61	109 763.75			63 397.61	109 763.75		
	1CAAAACD1301	共箱封闭母线	m	30.000	147.49	197.07			4424.7	5912.1		
	1CAAAACD1302	共箱封闭母线	m	25.000	147.49	197.07			3687.25	4926.75		
1.2	1CAABA	发电机出口断路器										
	1CAABACC0101	断路器	台	1	3905.11	3330.59			3905.11	3330.59		
1.3	1CAACA	发电机引出线										
	1CAACACD1201	分相封闭母线	三相米	55.000	1289.82	1565			70 940.1	86 075		
	1CAACACD1202	分相封闭母线	三相米	40.000	515.65	867.43			20 626	34 697.2		
	1CAACACD1301	共箱封闭母线	m	5.000	147.49	197.07			737.45	985.35		
		小计	元						14 582 643.85	31 959 508.81	12 391 000	

注1：如不使用行业建设主管部门发布的计价依据，可不填编制依据。

注2：招标文件提供了暂估单价的材料，按暂估的单价填入表内单价栏的"暂估价"栏。

注3：材机费=消耗性材料+机械费。

最高投标限价表-5

投标人采购材料计价表

工程名称：　　　　　　　　　　　　　　　　　　　　　　　　　　　　　　　　　　金额单位：元

序号	材料名称	型号规格	计量单位	数量	单价	合价	备注
1	冷风道	碳钢	t	330	6500.00	2 145 000.00	
2	热风道	碳钢	t	240.00	6600.00	1 584 000.00	
3	烟道	碳钢	t	900.00	6300.00	5 670 000.00	
4	送粉管道	碳钢	t	440.00	6800.00	2 992 000.00	
合计						12 391 000.00	

注1：招标文件提供了暂估单价的材料，按暂估的单价填入表内单价栏中。

注2：招标人对投标人采购材料有品牌要求的，以及合同约定可调价的材料。

最高投标限价表-6

投标人采购设备计价表

工程名称：　　　　　　　　　　　　　　　　　　　　　　　　　　　　　　　　　　金额单位：元

序号	设备名称	型号规格	计量单位	数量	单价	合价	备注
合计							

注：招标文件提供了暂估单价的设备，按暂估的单价填入表内单价栏中。

最高投标限价表-7

措施项目清单计价表

工程名称：　　　　　　　　　　　　　　　　　　　　　　　　　　　　　　　　　　金额单位：元

序号	项目名称	项目特征	计量单位	工程量	单价				合价				备注
					全费用综合单价	其中			合计	其中			
						人工费	材料费	机械费		人工费	材料费	机械费	
1	单价措施项目												
2	总价措施项目								600 000				
2.1	环境保护特殊措施费		项	1	600 000.00				600 000				按规定取费外额外增加的环境保护特殊措施费用
3	投标人增列项目												
合计									600 000				

注：本表适用于以全费用综合单价形式计价的措施项目；若需要人、材、机组成表及全费用综合单价分析表，可以参照最高投标限价/投标报价表4.1、最高投标限价/投标报价表4.2；投标人增列措施项目仅在投标报价时采用。

最高投标限价表-8

其他项目清单计价表

工程名称：   金额单位：元

序号	项目名称	计量单位	金额（元）	备注
一	招标人已列项目			
1	暂列金额	元	3 000 000	明细详见最高投标限价表-8.1
2	暂估价	元	800 000	
2.1	材料、工程设备暂估单价		—	明细详见最高投标限价表-8.2
2.2	专业工程暂估价	元	800 000	明细详见最高投标限价表-8.3
3	计日工	元	96 000	明细详见最高投标限价表-8.4
4	施工总承包服务费计价		—	明细详见最高投标限价表-8.5
5	其他			
	……			
	小计		3 896 000	
二	投标人增列项目			
	小计			
	合计		3 896 000	

注1：投标人增列项目费仅在投标报价时采用。

注2：材料、工程设备暂估单价不填写金额，不计入小计、合计。

最高投标限价表-8.1

暂列金额明细表

工程名称：   金额单位：元

序号	项目名称	计量单位	暂列金额	备注
1	暂列金额			
1.1	创国家优质工程金奖措施费	元	3 000 000	
	合计		3 000 000	

注：此表按招标文件内容填写并计入最高投标限价/投标报价表-8中。

最高投标限价表-8.2

材料、工程设备暂估单价表

工程名称：   金额单位：元

序号	材料、工程设备名称、规格、型号	计量单位	单价	备注

最高投标限价表–8.3

专业工程暂估价表

工程名称：　　　　　　　　　　　　　　　　　　　　　　　　　　　　　　　　　金额单位：元

序号	工程名称	工程内容	金额	备注
1	可拆卸汽水管道阀门保温罩壳	可拆卸汽水管道阀门罩壳材料费及安装费	800 000	
合计			800 000	

注：此表按招标文件内容填写并计入最高投标限价/投标报价表–8中。

最高投标限价表–8.4

计日工表

工程名称：　　　　　　　　　　　　　　　　　　　　　　　　　　　　　　　　　金额单位：元

序号	项目名称	计量单位	工程量	全费用综合单价	合价	备注
一	人工					
1	普通工	工日	300	220	66 000	
2	技术工	工日	100	300	30 000	
人工小计					96 000	
二	材料					
材料小计						
三	施工机械					
施工机械小计						
合计					96 000	

注：此表项目名称、数量按招标文件内容填写。编制最高投标限价时，单价按电力行业有关计价规定确定。投标时，
单价由投标人自主报价，汇总计入最高投标限价/投标报价–8其他项目清单计价表。

最高投标限价表–8.5

施工总承包服务费计价表

工程名称：　　　　　　　　　　　　　　　　　　　　　　　　　　　　　　　　　金额单位：元

序号	项目名称	取费基数	服务内容	费率（%）	金额	备注
合计						

注：此表的项目价值、服务内容按招标文件内容及相关计价规定填写。

最高投标限价表-9

招标人采购材料表

工程名称：   金额单位：元

序号	材料名称	型号规格	计量单位	数量	单价	备注
1	冷风道风门、补偿器	综合	t	70	15 197.14	不含税价
合计						

注：招标人采购材料费按招标文件内容填写。

最高投标限价表-10

主要工日价格表

工程名称：   金额单位：元

序号	工种	单位	数量	单价
1	安装普通工	工日	37 905	70
2	安装技术工	工日	128 069	107

最高投标限价表-11

主要机械台班价格表

工程名称：   金额单位：元

序号	机械设备名称	单位	数量	单价（元）

（四）竣工结算编制

1. 背景

假定上述最高投标限价就是签订的合同价格，该工程经竣工验收合格后投运，施工单位办理结算时提出若干调整合同价款的理由，经建设单位审核后同意以下几个理由可调整价款。

（1）根据合同约定，施工图量差（即施工图工程量与招标工程量之差）调整：以"招标工程量及报价明细表"中给定的数量作为计算工程量差的依据，施工图工程量与招标工程量之间的量差结算时予以调整，经建设单位、监理、施工单位三方确认，实际计算工程量进入结算。

如：锅炉钢架工程量为 12 875t，锅炉本体工程量为 10 163t 等，与合同签订时工程量分别减少：锅炉钢架工程量为 871t，锅炉本体工程量为 101t 等，具体工程量变化情况详见"结算计价表-4 分部分项工程量清单结算汇总对比表"。

（2）因发包人原因已安装的 4 个烟道板门（甲供）更换。根据现场确认的签证单"现场签证单-008"，按照报价中全费用综合单价及《火力发电工程建设预算编制与计算规定（2018 年版）》的规定，计列插板门安装及拆除费用。其中单价=全费用综合单价（甲供）+新建直接费×45%，详见"结算计价表-8.5"。

（3）招标文件中暂列金额为 300 万元创国家优质工程金奖增加费，经建设单位、监理单位确认，实际发生 210 万元。

（4）招标文件中专业工程暂估价金额为 80 万元可拆卸汽水管道阀门罩壳材料费及安装费，经建设单位、监理单位确认，实际发生 102 万元。

（5）招标文件中计日工安装普通工 300 工日、安装技术工 100 工日，经建设单位、监理单位确认，实际为安装普通工 260 工日、安装技术工 120 工日。

（6）根据合同约定人工超过±5%（不含±5%）的部分，超过部分给予调整；材料和机械不予调整，详见"结算计价表-8.6 人工、材料（设备）、机械台班价格调整计价表"。

2. 竣工结算部分表单

结算计价封-1

××电厂 2×1000MW 超超临界燃煤发电项目 I 标段安装工程

竣 工 结 算 总 价

签约合同价（小写）：110 994 058 　　　（大写）：壹亿壹仟零玖拾玖万肆仟零伍拾捌元

竣工结算价（小写）：106 974 375 　　　（大写）：壹亿零陆佰玖拾柒万肆仟叁佰柒拾伍元

发包人：＿＿＿＿＿＿＿＿＿＿＿＿　　　　　　法定代表人
　　　　　（单位盖章）　　　　　　　　　或其授权人：＿＿＿＿＿＿＿＿＿＿＿
　　　　　　　　　　　　　　　　　　　　　　　　　（签字或盖章）

承包人：＿＿＿＿＿＿＿＿＿＿＿＿　　　　　　法定代表人
　　　　　（单位盖章）　　　　　　　　　或其授权人：＿＿＿＿＿＿＿＿＿＿＿
　　　　　　　　　　　　　　　　　　　　　　　　　（签字或盖章）

工程造价　　　　　　　　　　　　　　　　　　法定代表人
咨询人：＿＿＿＿＿＿＿＿＿＿＿＿　　　　或其授权人：＿＿＿＿＿＿＿＿＿＿＿
　　　　（单位资质专用章）　　　　　　　　　　　（签字或盖章）

编制人：＿＿＿＿＿＿＿＿＿＿＿＿　　　　复核人：＿＿＿＿＿＿＿＿＿＿＿
　　　（签字、盖执业专用章）　　　　　　　　（签字、盖执业专用章）

编制时间：20××年××月××日　　　　　　复核时间：20××年××月××日

填　表　须　知

1　竣工结算总价表应由承包人或受其委托具有相应资质的工程造价咨询人编制，并应由发包人或受其委托具有相应资质的工程造价咨询人核对。

2　工程量清单计价格式中的任何内容不应删除或涂改。

3　工程量清单计价格式中列明的所有需要填报的单价和合价，招标人均应填报。

4　金额（价格）以人民币"元"为单位，单价保留小数点后两位，合价取整数。

5　工程量清单计价格式的填写应符合下列规定：

1）工程量清单计价格式中所有要求签字、盖章的地方，应由规定的单位和人员签字、盖章。编制人是指电力工程造价专业的人员。

2）工程项目竣工结算总价表的分部分项工程费、投标人采购设备费、措施项目费、其他项目费应按相应工程项目费用汇总表中合计栏的金额填写。

3）工程量清单竣工结算编制说明应包括：工程概况、编制依据以及其他需要说明的问题。

4）当分部分项工程量清单表计价表中结算全费用综合单价与投标全费用综合单价不同时，需提供相应项目的工程量清单全费用综合单价分析表和工程量清单全费用综合单价人、材、机计价表。按结算计价表–5.3格式填写分部分项工程量清单结算对比表。

5）发包人采购材料（设备）计价表应按发包人提供发包人采购材料（设备）表进行计算填写，所填写的单价应与工程量清单中相应材料的单价一致。

6）措施项目清单计价表承包人可根据批准的施工组织设计应增加采取的措施增加项目。

7）计日工计价表中人工、材料、机械名称、计量单位和相应数量应按实际完成的工程量所需费用结算。

8）如有需要说明的其他事项可增加条款。

结算计价表–1

竣工结算编制说明

工程名称：

1. 编制依据

1.1 国家能源局发布的《电力建设工程工程量清单计价规范》(DL/T 5745—2021)。

1.2 国家能源局发布的《电力建设工程工程量清单计算规范火力发电工程》(DL/T 5369—2021)。

1.3 发包人提供的招标工程量清单及合同综合单价。

1.4 竣工图纸及设计变更单。

1.5 新增综合单价依据合同按投标时的原则编制。

1.6 人工调整超过电力工程造价与定额管理总站发布的调整系数或市场价格的部分，按合同约定调整，即：

人工：超过±5%（不含±5%）的部分，超过部分给予调整。

1.7 因发包人原因使已安装的 4 个烟道插板门（甲供）更换所发生的签证，插板门共计 36t。

结算计价表-2

工程项目竣工结算汇总表

工程名称：

序号	项目或费用名称	金额（元）	备注
1	分部分项工程费	102 616 538	
	其中：暂估价材料费		
	其中：安全文明施工费、临时设施费	8 372 739	
2	承包人采购设备费		
3	措施项目费	600 000	
3.1	环境保护特殊措施费	600 000	
4	其他项目费	3 757 837	
	其中：施工过程中增列其他项目表		
	竣工结算价 合计=1+2+3+4	106 974 375	

结算计价表-3

分部分项工程费用汇总表

工程名称：   金额单位：元

序号	项目或费用名称	金额				备注
		合计	其中：人工费	其中：暂估价材料费	其中：安全文明施工费、临时设施费	
	安装工程	**102 616 538**	**14 082 266**		**8 372 739**	
一	**主辅生产工程**	**102 616 538**	**14 082 266**		**8 372 739**	
（一）	**热力系统**	**101 472 570**	**13 913 970**		**8 226 338**	
1	**锅炉机组**	**101 472 570**	**13 91 3970**		**8 226 338**	
1.1	锅炉本体	63 967 228	9 463 648		5 847 944	
1.1.1	组合安装	59 155 706	9 096 160		5 341 050	
1.1.2	点火装置	520 785	119 059		37 829	
1.1.3	分部试验及试运	4 290 737	248 429		469 065	
1.2	风机	1 042 362	243 141		74 676	
1.3	除尘装置	11 870 653	2 268 802		957 886	
1.4	制粉系统	1 022 627	258 612		68 948	
1.5	烟风煤管道	21 461 466	1 258 279		1 110 747	
1.5.1	冷风道	3 401 229	173 655		150 320	
1.5.2	热风道	3 851 955	329 078		288 108	
1.5.3	烟道	8 774 714	429 580		362 963	
1.5.4	原煤管道	51 608	8005		6101	
1.5.5	送粉管道	5 381 960	317 961		303 253	
1.6	锅炉其他辅机	2 108 234	421 488		166 137	
（六）	**电气系统**	**1 143 968**	**168 297**		**146 401**	
1	**发电机电气与引出线**	**1 143 968**	**168 297**		**146 401**	
1.1	发电机电气与出线间	432 174	71 687		45 593	
1.2	发电机出口断路器	16 209	3905		1236	
1.3	发电机引出线	695 585	92 705		99 572	

结算计价表—4

工程名称：

分部分项工程量清单结算汇总对比表

金额单位：元

序号	项目编码	项目名称	计量单位	合同工程量	结算工程量	量差	合同全费用综合单价	结算全费用综合单价	合同合价	结算合价
	1B	安装工程							**106 498 058**	**102 616 538**
一	1BA	主辅生产工程							**105 367 830**	**101 472 570**
（一）	1BAA	热力系统							**105 367 830**	**101 472 570**
1	1BAAA	锅炉机组							**66 011 029**	**63 967 228**
1.1	1BAAAA	锅炉本体							**61 199 507**	**59 155 706**
1.1.1	1BAAAACA0101	组合安装							23 282 773	21 797 763
	1BAAAACA0201	锅炉钢架	t	13 656.000	12 785.000	-871	1704.95	1704.95		
	1BAAAACA0301	锅炉钢架油漆	t	13 656.000	12 785.000	-871	267.09	267.09	3 647 396	3 414 760
	1BAAAACA0401	锅炉本体	t	10 264.000	10 163.000	-101	3229.25	3229.25	33 145 065	32 818 911
1.1.2	1BAAAB	空气预热器	台	2	2	0	562 136.12	562 136.12	1 124 272	1 124 272
	1BAAABCA0501	点火装置							**520 785**	**520 785**
1.1.3	1BAAAC	等离子点火装置附属设备和管道	台/炉	1	1	0	520 785.07	520 785.07	520 785	520 785
	1BAAACCA0601	分部试验及试运							**4 290 737**	**4 290 737**
1.2	1BAAACCA0701	锅炉本体分部试运	台/炉	1	1	0	139 2827.15	1 392 827.15	1 392 827	1 392 827
	1BAABA	锅炉本体清洗	台/炉	1	1	0	2 897 909.40	2 897 909.40	2 897 909	2 897 909
	1BAABACA0901	风机							**1 042 362**	**1 042 362**
	1BAABACA1001	送风机	台	2	2	0	176 569.95	176 569.95	353 140	353 140
	1BAABACA1101	一次风机	台	2	2	0	143 859.85	143 859.85	287 720	287 720
		引风机	台	2	2	0	200 750.96	200 750.96	401 502	401 502

197

序号	项目编码	项目名称	计量单位	合同工程量	结算工程量	量差	合同全费用综合单价	结算全费用综合单价	合同合价	结算合价
1.3	1BAAACA	除尘装置							12 464 552	11 870 653
	1BAAACACA1301	低低温静电除尘器	t	5100.000	4857.000	-243	2444.03	2444.03	12 464 552	11 870 653
1.4	1BAADA	制粉系统							1 022 627	1 022 627
	1BAADACA1701	磨煤机	台	6	6	0	154 698.68	154 698.68	928 192	928 192
	1BAADACA1801	给煤机	台	6	6	0	11 802.54	11 802.54	70 815	70 815
	1BAADACA2101	煤斗疏松机	台	6	6	0	3936.69	3936.69	23 620	23 620
1.5	1BAAE	烟风煤管道							22 653 896	21 461 466
1.5.1	1BAAEA	冷风道							3 557 726	3 401 229
	1BAAEACA2201	冷风道	t	70.000	78.500	8.5	3049.19	3049.19	213 443	239 361
	1BAAEACA2202	冷风道	t	330.000	312.000	-18	10 134.19	10 134.19	3 344 283	3 161 867
1.5.2	1BAAEB	热风道							4 149 165	3 851 955
	1BAAEBCA2301	热风道	t	550.000	520.000	-30	3066.59	3066.59	1 686 623	1 594 626
	1BAAEBCA2302	热风道	t	240.000	220.000	-20	10 260.59	10 260.59	2 462 541	2 257 329
1.5.3	1BAAEC	烟道				0			9 193 029	8 774 714
	1BAAECCA2401	烟道	t	100.000	112.000	12	3012.73	3012.73	301 273	337 426
	1BAAECCA2402	烟道	t	900.000	854.000	-46	9879.73	9879.73	8 891 756	8 437 288
1.5.4	1BAAED	原煤管道							57 342	51 608
	1BAAEDCA2601	原煤管道	t	20.000	18.000	-2	2867.09	2867.09	57 342	51 608
1.5.5	1BAAEF	送粉管道							5 696 635	5 381 960
	1BAAEFCA2801	送粉管道	t	320.000	298.000	-22	3204.41	3204.41	1 025 413	954 915
	1BAAEFCA2802	送粉管道	t	440.000	417.000	-23	10 616.41	10 616.41	4 671 222	4 427 045

序号	项目编码	项目名称	计量单位	合同工程量	结算工程量	量差	合同全费用综合单价	结算全费用综合单价	合同合价	结算合价
1.6	1BAAFA	锅炉其他辅机							**2 173 365**	**2 108 234**
	1BAAFACA301	低温省煤器	t	1830.000	1768.000	-62	1050.49	1050.49	1 922 394	1 857 263
	1BAAFACB1601	其他水泵	台	2	2	0	16 271.80	16 271.80	32 544	32 544
	1BAAFACB1602	其他水泵	台	1	1	0	1262.33	1262.33	1262	1262
	1BAAFACB1001	起重机械	台	1	1	0	140 938.24	140 938.24	140 938	140 938
	1BAAFACB1002	起重机械	台	7	7	0	9502.94	9502.94	66 521	66 521
	1BAAFACB1003	起重机械	台	2	2	0	4853.02	4853.02	9706	9706
(六)	1CA	电气系统							**1 130 227**	**1 143 968**
1	1CAA	发电机电气与引出线间							**1 130 227**	**1 143 968**
1.1	1CAAAA	发电机电气与引出线间							**430 247**	**432 174**
	1CAAAACA0101	发电机电气	台	1	1	0	341 896.43	341 896.43	341 896	341 896
	1CAAAACD1301	共箱封闭母线	m	30.00	32.50	2.5	1606.37	1606.37	48 191	52 207
	1CAAAACD1302	共箱封闭母线	m	25.00	23.70	-1.3	1606.37	1606.37	40 159	38 071
1.2	1CAABA	发电机出口断路器							**16 209**	**16 209**
	1CAABACC0101	断路器	台	1	1	0	16 209.29	16 209.29	16 209	16 209
1.3	1CAACA	发电机引出线							**683 771**	**695 585**
	1CAACACD1201	分相封闭母线	三相米	55.00	53.33	-1.67	8488.87	8488.87	466 888	452 711
	1CAACACD1202	分相封闭母线	三相米	40.00	44.67	4.67	5221.29	5221.29	208 852	233 235
	1CAACACD1301	共箱封闭母线	m	5.00	6.00	1	1606.38	1606.38	8032	9638
		合　计	元						**106 498 058**	**102 616 538**

结算计价表-4.1

分部分项工程量清单计价表

工程名称：

金额单位：元

序号	项目编码	项目名称	项目特征	计量单位	工程量	单价	其中:人工费	其中:材机费	主要材料费:材料费	主要材料费其中:暂估价	安全文明施工费、临时设施费	合计	人工费	材机费	主要材料费:材料费	主要材料费其中:暂估价	安全文明施工费、临时设施费
	1B	安装工程															
一	1BA	主辅生产工程										102 616 538	14 082 266	30 875 892	11 695 800		8 372 739
(一)	1BA	热力系统										101 472 570	13 913 970	30 628 330	11 695 800		8 226 338
1	1BAA	锅炉机组										101 472 570	13 913 970	30 628 330	11 695 800		8 226 338
1.1	1BAAA	锅炉本体										63 967 228	9 463 648	24 774 901			5 847 944
1.1.1	1BAAAA	组合安装										59 155 706	9 096 160	22 174 623			5 341 050
	1BAAAACA0101	锅炉钢架	1. 1050MW 超超临界直流π型炉 2. 锅炉出力：3118t/h 3. 参数：29.4 MPa（g），605℃/623℃	t	12 785.000	1704.95	225	723.74			162.04	21 797 763	2 876 625	9 253 016			2 071 743
	1BAAAACA0201	锅炉钢架油漆	1. 1050MW 超超临界直流π型炉 2. 容量 3118t/h 3. 参数：29.4 MPa（g），605℃/623℃	t	12 785.000	267.09	53.37	72.11			21.43	3 414 760	682 335	921 926			274 008

序号	项目编码	项目名称	项目特征	计量单位	工程量	单价	人工费	材机费	材料费	其中:暂估价	安全文明施工费、临时设施费	合计	人工费	材机费	材料费	其中:暂估价	安全文明施工费、临时设施费
									单价（其中:主要材料费）						合价（其中:主要材料费）		
	1BAAAACA0301	锅炉本体	1.1050MW超超临界直流π型炉 2.锅炉出力：3118t/h 3.参数：29.4 MPa（g）、605℃/623℃	t	10 163.000	3229.25	523.91	1148.18			285.59	32 818 911	5 324 497	11 668 953			2 902 481
	1BAAAACA0401	空气预热器	1.型式：三分仓回转式 2.空气预热器转子直径：17 286mm	台	2	562 136.1	106 351.1	165 363.9			46 408.92	1 124 272	212 702	330 728			92 818
1.1.2	1BAAAB	点火装置										520 785	119 059	102 422			37 829
	1BAAABCA0501	等离子点火装置附属设备和管道	1050MW超超临界直流π型炉	台炉	1	520 785.07	119 059.48	102 422.37			37 829.1	520 785	119 059	102 422			37 829
1.1.3	1BAAAC	分部试验及试运										4 290 737	248 429	2 497 856			469 065
	1BAAACCA0601	锅炉本体分部试运	1050MW超超临界直流π型炉	台炉	1	1 392 827.15	63 420.19	849 724.99			155 965.2	1 392 827	63 420	849 725			155 965
	1BAAACCA0701	锅炉本体清洗	1.按EDTA方式清洗 2.1050MW超超临界直流π型炉 3.锅炉出力：3118t/h	台炉	1	2 897 909.4	185 008.44	1 648 130.5			313 100.14	2 897 909	185 008	1 648 131			313 100

序号	项目编码	项目名称	项目特征	计量单位	工程量	单价				其中:主要材料费		安全文明施工费、临时设施费	合价			其中:		安全文明施工费、临时设施费
						单价	合计	人工费	材机费	材料费	其中:暂估价		合计	人工费	材机费	主要材料费（材料费	其中:暂估价）	
1.2	1BAABA	风机											1 042 362	243 141	194 070			74 676
	1BAABACA0901	送风机	1. 动叶可调轴流式 2. 出力：$Q=390m^3/s$ 3. 压头：$H=5414Pa$ 4. 电动机功率2800kW，电压10kV	台	2	176 569.95	353 140	39 833.11	35 930.51			12 940.43	353 140	79 666	71 861			25 881
	1BAABACA1001	一次风机	1. 动叶可调轴流式 2. 出力：$Q=144m^3/s$ 3. 压头：$H=15526Pa$ 4. 电动机功率2900kW，电压10kV	台	2	143 859.85	287 720	35 060.03	23 389.6			9983.2	287 720	70 120	46 779			19 966
	1BAABACA1101	引风机	1. 动叶可调轴流式 2. 出力：$Q=717m^3/s$ 3. 压头：$H=10386Pa$ 4. 电动机功率9300kW，电压10kV	台	2	200 750.96	401 502	46 677.16	37 714.84			14 414.15	401 502	93 354	75 430			28 828

序号	项目编码	项目名称	项目特征	计量单位	工程量	单价			主要材料费		安全文明施工费、临时设施费	合价			主要材料费		安全文明施工费、临时设施费
						单价	人工费	材机费	材料费	其中:暂估价		合计	人工费	材机费	材料费	其中:暂估价	
1.3	1BAACA	除尘装置										11 870 653	2 268 802	3 339 430			957 886
	1BAACACA1301	低低温静电电除尘器	1. 三室五电场，所有电场采用高频电源 2. 每台锅炉3台电除尘器 3. 除尘效率>99.935%	t	4857.000	2444.03	467.12	687.55			197.22	11 870 653	2 268 802	3 339 430			957 886
1.4	1BAADA	制粉系统										1 022 627	258 612	145 067			68 948
	1BAADACA1701	磨煤机	1. 中速磨煤机 2. 磨煤机型号: HP1163/Dyn 3. 电动机功率950kW, 电压10kV	台	6	154 698.68	39 525.1	21 034.25			10 343.54	928 192	237 151	126 206			62 061
	1BAADACA1801	给煤机	1. 电子称重式给煤机 2. 出力Q=10~120t/h 3. 给煤距离L=2250mm 4. 变频调速电动机 4kW, 电压380V	台	6	11 802.54	2776.88	2143.63			840.42	70 815	16 661	12 862			5043
	1BAADACA2101	煤斗疏松机	1. 液压传动式, 电控方式 2. 型号:HT-SSJ-1-1/2	台	6	3936.69	800	1000			307.44	23 620	4800	6000			1845

序号	项目编码	项目名称	项目特征	计量单位	工程量	单价			其中:主要材料费		安全文明施工费、临时设施费	合价			其中:主要材料费		安全文明施工费、临时设施费
						单价	人工费	材机费	材料费	其中:暂估价		合计	人工费	材机费	材料费	其中:暂估价	
1.5	1BAAE	烟风煤管道										21 461 466	1 258 279	1 623 652	11 695 800		1 110 747
1.5.1	1BAAEA	冷风道										3 401 229	173 655	224 081	2 028 000		150 320
	1BAAEACA2201	冷风道	1. 管道材质 Q235A 2. 锅炉出力: 3118t/h	t	78.500	3049.19	444.7	573.83			384.94	239 361	34 909	45 046			30 218
	1BAAEACA2202	冷风道	1. 管道材质 Q235A 2. 锅炉出力: 3118t/h	t	312.000	10 134.19	444.7	573.83	6500		384.94	3 161 867	138 746	179 035	2 028 000		120 102
1.5.2	1BAAEB	热风道										3 851 955	329 078	424 634	1 452 000		288 108
	1BAAEBCA2301	热风道	1. 管道材质 Q235A 2. 锅炉出力: 3118t/h	t	520.000	3066.59	444.7	573.83			389.34	1 594 626	231 244	298 392			202 455
	1BAAEBCA2302	热风道	1. 管道材质 Q235A 2. 锅炉出力: 3118t/h	t	220.000	10 260.59	444.7	573.83	6600		389.34	2 257 329	97 834	126 243	1 452 000		85 654
1.5.3	1BAAEC	烟道										8 774 714	429 580	554 320	5 380 200		362 963
	1BAAECCA2401	烟道	1. 管道材质 Q235A 2. 锅炉出力: 3118t/h	t	112.000	3012.73	444.7	573.83			375.74	337 426	49 806	64 269			42 083

序号	项目编码	项目名称	项目特征	计量单位	工程量	单价						合价					
						单价	人工费	材机费	其中:主要材料费 材料费	其中:暂估价	安全文明施工费、临时设施费	合计	人工费	材机费	其中:主要材料费 材料费	其中:暂估价	安全文明施工费、临时设施费
	1BAAECCA2402	烟道	1. 管道材质 Q235A 2. 锅炉出力：3118t/h	t	854.000	9879.73	444.7	573.83		6300	375.74	8 437 288	379 774	490 051	5 380 200		320 881
1.5.4	1BAAED	原煤管道										51 608	8005	10 329			6101
	1BAAEDCA2601	原煤管道	1. 管道材质 不锈钢 2. 锅炉出力：3118t/h	t	18.000	2867.09	444.7	573.83		6300	338.97	51 608	8005	10 329			6101
1.5.5	1BAAEF	送粉管道										5 381 960	317 961	410 288	2 835 600		303 253
	1BAAEFCA2801	送粉管道	1. 管道材质 Q235A 2. 锅炉出力：3118t/h	t	298.000	3204.41	444.7	573.83			424.13	954 915	132 521	171 001			126 391
	1BAAEFCA2802	送粉管道	1. 管道材质 Q235A 2. 锅炉出力：3118t/h	t	417.000	10 616.41	444.7	573.83		6800	424.13	4 427 045	185 440	239 287	2 835 600		176 862
1.6	1BAAFA	锅炉其他辅机										2 108 234	421 488	551 210			66 137
	1BAAFACA3101	低温省煤器	1. 材质：ND 钢 2. 6×17%容量	t	1768.000	1050.49	200.5	296.15			84.83	1 857 263	354 484	523 593			149 976
	1BAAFACB1601	其他水泵	1. 名称：低温省煤器凝结水升压泵	台	2	16 271.8	4003.92	2559.03			1120.95	32 544	8008	5118			2242

序号	项目编码	项目名称	项目特征	计量单位	工程量	单价						合价					
						单价	人工费	材机费	其中:主要材料费		安全文明施工费、临时设施费	合计	人工费	材机费	其中:主要材料费		安全文明施工费、临时设施费
									材料费	其中:暂估价					材料费	其中:暂估价	
	1BAAFACB1601	其他水泵	2. 用途：低温省煤器凝结水升压用 3. 参数：流量1050m³/h，扬程50mH₂O，电机功率200kW，电压6kV	台	2	16 271.8	4003.92	2559.03			1120.95	32 544	8008	5118			2242
	1BAAFACB1602	其他水泵	1. 名称：锅炉启动循环泵停炉冷却水泵用 2. 用途：停炉时冷却锅炉循环水泵用 3. 参数：流量50t/h，扬程55mH₂O，电机功率15kW，电压380V	台	1	1262.33	333.66	146.48			82.01	1262	334	146			82
	1BAAFACB1001	起重机械	1. 名称：电动双梁悬挂过轨起重机 2. 用途：磨煤机及电动机检修用 3. 起重量：2×16t 4. 起吊高度：12m	台	1	140 938.24	39 130.08	12 116.58			8752.93	140 938	39 130	12 117			8753

序号	项目编码	项目名称	项目特征	计量单位	工程量	单价			安全文明施工费、临时设施费	合价			安全文明施工费、临时设施费
						单价	人工费	材机费		合计	人工费	材机费	
	1BAAFACB1002	起重机械	1.名称：磨煤机侧单梁悬挂大车 2.用途：磨煤机及电动机检修用 3.起重量：16t 4.起吊高度：12m	台	7	9502.94	2441.61	1261.32	632.46	66 521	17 091	8829	4427
	1BAAFACB1003	起重机械	1.名称：电动葫芦 2.用途：磨煤机及电动机检修用 3.起重量：16t 4.起吊高度：12m	台	2	4853.02	1220.81	703.04	328.59	9706	2442	1406	657
（六）	1CA	电气系统								1 143 968	168 297	247 562	146 401
1	1CAA	发电机电气与引出线								1 143 968	168 297	247 562	146 401
1.1	1CAAAA	发电机电气与出线间								432 174	71 687	120 839	45 593
	1CAAAACA0101	发电机电气	1.型号、规格：QFSN-1000-2型，含静态励磁系统 2.机组容量：1000MW	台	1	341 896.43	63 397.61	109 763.75	29 576	341 896	63 398	109 764	29 576

序号	项目编码	项目名称	项目特征	计量单位	工程量	单价			其中:主要材料费 材料费	其中:暂估价	安全文明施工费、临时设施费	合价			其中:主要材料费 材料费	其中:暂估价	安全文明施工费、临时设施费
						单价	人工费	材机费				合计	人工费	材机费			
	1CAAAACD1301	共箱封闭母线	1. 型号：交流励磁母线，额定电压 1kV，额定电流 6300A 2. 导体形式：铜母线	m	32.50	1606.37	147.49	197.07			285	52 207	4793	6405			9263
	1CAAAACD1302	共箱封闭母线	1. 型号：直流励磁母线，额定电压 1kV，额定电流 6300A 2. 导体形式：铜母线	m	23.70	1606.37	147.49	197.07			285	38 071	3496	4671			6755
1.2	1CAABA	发电机出口断路器										**16 209**	**3905**	**3331**			**1236**
	1CAABACC0101	断路器	1. 电压等级：额定电压 27kV 2. 额定电流强度 28 000A，额定开断电流 160kA 3. 结构形式：发电机出口断路器、合避雷器、接地刀闸及 TV 等附件 4. 户内安装/户外安装：户内安装	台	1	16 209.29	3905.11	3330.59			1236	16 209	3905	3331			1236

208

序号	项目编码	项目名称	项目特征	计量单位	工程量	单价	人工费	材机费	主要材料费 材料费	其中:暂估价	安全文明施工费、临时设施费	合计	人工费	材机费	主要材料费 材料费	其中:暂估价	安全文明施工费、临时设施费
						单价						合价					
1.3	1CAACA	发电机引出线										695 585	92 705	123 392			99 572
	1CAACACD1201	分相封闭母线	1. 型号：主回路全连式离相封闭母线，额定电压27kV，额定电流28 000A 2. 规格：导体ΦE1000mm d=18mm,外壳ΦE1580mm/d=10mm	三相米	53.33	8488.87	1289.82	1565			1113	452 711	68 786	83 461			59 356
	1CAACACD1202	分相封闭母线	1. 型号：厂用、励磁变压器及TV分支全连式离相封闭母线，额定电压27kV，额定电流2000A 2. 规格：导体ΦE200mm d=10mm,外壳ΦE780mm d=7mm	三相米	44.67	5221.29	515.65	867.43			862	233 235	23 034	38 748			38 506
	1CAACACD1301	共箱封闭母线	1. 型号：中性点连接母线，额定电压27kV 2. 规格：外壳（W×H）600×600 3. 导体形式：铜母线	m	6.00	1606.38	147.49	197.07			285	9638	885	1182			1710
	合计			元								102 616 538	14 082 266	30 875 892	11 695 800		8 372 739

结算计价表-4.2

工程量清单单价综合单价分析表

工程名称：

金额单位：元

序号	项目编码	项目名称	计量单位	人工费	材机费	主要材料费		全费用综合单价组成									全费用综合单价
						材料费	其中:暂估价	措施费			企业管理费	施工企业配合调试费	规费	利润	编制基准期价差	增值税	
								措施费	其中:安全文明施工费	其中:临时设施费							
	1B	安装工程															
一		主辅生产工程															
（一）	1BA	热力系统															
1	1BAA	锅炉机组															
1.1	1BAAA	锅炉本体															
1.1.1	1BAAAA	组合安装															
	1BAAAACA0101	锅炉钢架	t	225	723.74			243.74	24.95	137.09	139.37	30.83	110.86	99.46	−8.83	140.78	1704.95
	1BAAAACA0201	锅炉钢架油漆	t	53.37	72.11			40.81	3.3	18.13	33.06	4.08	26.3	15.51	−0.19	22.05	267.09
	1BAAAACA0301	锅炉本体	t	523.91	1148.18			475.82	43.98	241.62	324.51	54.34	258.13	187.98	−10.26	266.64	3229.25
	1BAAAACA0401	空气预热器	台	106 351.11	165 363.9			85 025.01	7146.1	39 262.82	65 873.88	8830.74	52 399.19	32 659.46	−782.08	46 414.91	562 136.12
1.1.2	1BAAAB	点火装置															
	1BAAABCA0501	等离子点火装置附属设备和管道	台炉	119 059.48	102 422.37			81 059.6	5824.97	32 004.13	73 745.44	7198.16	58 660.61	29 844.83	5793.98	43 000.6	520 785.07

续表

序号	项目编码	项目名称	计量单位	人工费	材机费	材料费	其中:暂估价	措施费	其中:安全文明施工费	其中:临时设施费	企业管理费	施工企业配合调试费	规费	利润	编制基准期价差	增值税	全费用综合单价
1.1.3	1BAAAC	分部试验及试运															
	1BAAAACCA0601	锅炉本体分部试运	台炉	63420.19	849724.99			178993.07	24015.72	131949.48	39282.47	29677.22	31247.13	80483.29	4994.72	115004.08	1392827.15
	1BAAAACCA0701	锅炉本体清洗	台炉	185008.44	1648130.54			380276.7	48211.56	264888.58	114594.23	59577.02	91153.66	167314.99	12576.9	239276.92	2897909.4
1.2	1BAABA	风机															
	1BAABACA0901	送风机	台	39833.11	35930.51			27403.83	1992.58	10947.84	24672.63	2462.32	19625.77	10120.15	1942.46	14579.17	176569.95
	1BAABACA1001	一次风机	台	35060.03	23389.6			22713.49	1537.23	8445.97	21716.18	1899.61	17274.08	8238.58	1689.94	11878.34	143859.85
	1BAABACA1101	引风机	台	46677.16	37714.84			31362.63	2219.51	12194.64	28911.83	2742.74	22997.84	11502.48	2265.68	16575.77	200750.96
1.3	1BAACA	除尘装置															
	1BAACACA1301	低低温静电除尘器	t	467.12	687.55			366.83	30.37	166.85	289.33	37.53	230.15	140.3	23.42	201.8	2444.03
1.4	1BAADA	制粉系统															
	1BAADACA1701	磨煤机	台	39525.1	21034.25			24695.1	1592.71	8750.83	24481.85	1968.18	19474.02	8854.55	1892.35	12773.29	154698.68
	1BAADACA1801	给煤机	台	2776.88	2143.63			1848.71	129.41	711.01	1720	159.92	1368.17	676.17	134.55	974.52	11802.54
	1BAADACA2101	煤斗疏松机	台	800	1000			597.92	47.34	260.1	495.52	58.5	394.16	225.86	39.68	325.05	3936.69
1.5	1BAAE	烟风煤管道															
1.5.1	1BAAEA	冷风道															
	1BAAEACA2201	冷风道	t	444.7	573.83			546.41	237.77	147.18	275.45	33.1	219.1	682.74	22.09	251.77	3049.19

序号	项目编码	项目名称	计量单位	全费用综合单价组成		主要材料费		措施费			企业管理费	施工企业配合调试费	规费	利润	编制基准期价差	增值税	全费用综合单价
				人工费	材机费	材料费	其中:暂估价	措施费	其中:安全文明施工费	其中:临时设施费							
	1BAAEACA2202	冷风道	t	444.7	573.83		6500	546.41	237.77	147.18	275.45	33.1	219.1	682.74	22.09	836.77	10 134.19
1.5.2	1BAAEB	热风道															
	1BAAEBCA2301	热风道	t	444.7	573.83			550.81	242.16	147.18	275.45	33.1	219.1	694.3	22.09	253.2	3066.59
	1BAAEBCA2302	热风道	t	444.7	573.83		6600	550.81	242.16	147.18	275.45	33.1	219.1	694.3	22.09	847.2	10 260.59
1.5.3	1BAAEC	烟道															
	1BAAECCA2401	烟道	t	444.7	573.83			537.21	228.56	147.18	275.45	33.1	219.1	658.49	22.09	248.76	3012.73
	1BAAECCA2402	烟道	t	444.7	573.83		6300	537.21	228.56	147.18	275.45	33.1	219.1	658.49	22.09	815.76	9879.73
1.5.4	1BAAED	原煤管道															
	1BAAEDCA2601	原煤管道	t	444.7	573.83			500.44	191.79	147.18	275.45	33.1	219.1	561.64	22.09	236.73	2867.09
1.5.5	1BAAEF	送粉管道															
	1BAAEFCA2801	送粉管道	t	444.7	573.83			585.6	276.95	147.18	275.45	33.1	219.1	785.96	22.09	264.58	3204.41
	1BAAEFCA2802	送粉管道	t	444.7	573.83		6800	585.6	276.95	147.18	275.45	33.1	219.1	785.96	22.09	876.58	10 616.41
1.6	1BAAFA	锅炉其他辅机															
	1BAAFACA3101	低温省煤器	t	200.5	296.15			157.63	13.06	71.77	124.19	16.14	98.79	60.3	10.05	86.74	1050.49
	1BAAFACB1601	其他水泵	台	4003.92	2559.03			2574.78	172.61	948.35	2480.03	213.3	1972.73	931.76	192.72	1343.54	16 271.8
	1BAAFACB1602	其他水泵	台	333.66	146.48			203.16	12.63	69.38	206.67	15.6	164.39	72.22	15.91	104.23	1262.33
	1BAAFACB1001	起重机械	台	39 130.08	12 116.58			22 961.06	1347.79	7405.14	24 237.17	1665.52	19 279.39	8058.81	1852.53	11 637.1	140 938.24
	1BAAFACB1002	起重机械	台	2441.61	1261.32			1519.01	97.39	535.07	1512.33	120.35	1202.98	543.89	116.81	784.65	9502.94
	1BAAFACB1003	起重机械	台	1220.81	703.04			771.87	50.6	278	756.17	62.53	601.49	277.82	58.58	400.71	4853.02

序号	项目编码	项目名称	计量单位	全费用综合单价组成													全费用综合单价
				人工费	材机费	主要材料费		措施费			企业管理费	施工企业配合调试费	规费	利润	编制基准期价差	增值税	
						材料费	其中:暂估价	措施费	其中:安全文明施工费	其中:临时设施费							
(六)	1CA	电气系统															
1	1CAA	发电机电气与引出线															
1.1	1CAAAA	发电机电气与引出线间															
	1CAAAACA0101	发电机电气	台	63 397.61	109 763.75			40 486.69	4554	25 022	39 268	5628	31 236	19 560	4326.38	28 230	341 896.43
	1CAAAACD1301	共箱封闭母线	m	147.49	197.07			309.81	235	50	91	11	72.67	635	9.33	133	1606.37
	1CAAAACD1302	共箱封闭母线	m	147.49	197.07			309.81	235	50	91	11	72.67	635	9.33	133	1606.37
1.2	1CAABA	发电机出口断路器															
	1CAABACC0101	断路器	台	3905.11	3330.59			1907.93	190	1046	2419	235	1924.05	926	223.61	1338	16 209.29
1.3	1CAACA	发电机引出线															
	1CAACACD1201	分相封闭母线	三相米	1289.82	1565			1334.89	700	413	799	93	635.49	1991	79.67	701	8488.87
	1CAACACD1202	分相封闭母线	三相米	515.65	867.43			950.28	662	200	319	45	254.06	1804	34.87	431	5221.29
	1CAACACD1301	共箱封闭母线	m	147.49	197.07			309.81	235	50	91	11	72.67	635	9.34	133	1606.38

注1: 材机费=消耗性材料+机械费。
注2: 措施费:按费率计取。

结算计价表–5

承包人采购材料计价表

工程名称：

金额单位：元

序号	材料名称	型号规格	计量单位	数量	合同单价	合价	备注
1	冷风道	碳钢	t	312	6500.00	2 028 000.00	
2	热风道	碳钢	t	220.00	6600.00	1 452 000.00	
3	烟道	碳钢	t	854.00	6300.00	5 380 200.00	
4	送粉管道	碳钢	t	417.00	6800.00	2 835 600.00	
	合计					11 695 800.00	

注：施工合同中属暂估单价的材料，按发、承包双方最终确认的单价填入表内。

结算计价表–6

承包人采购设备计价表

工程名称：

金额单位：元

序号	设备名称	型号规格	计量单位	数量	合同单价	结算单价	风险范围价差	合价	备注

注：施工合同中属暂估单价的设备，按发、承包双方最终确认的单价填入表内。

结算计价表–7

措施项目清单计价表

工程名称：

金额单位：元

序号	项目名称	项目特征	计量单位	工程量	单价				合价				备注
					全费用综合单价	其中			合计	其中			
						人工费	材料费	机械费		人工费	材料费	机械费	
1	单价措施项目												
2	总价措施项目								600 000				
2.1	环境保护特殊措施费		项	1	600 000.00				600 000				为按规定取费外额外增加的环境保护特殊措施费用
3	施工过程增列项目												
	合计								600 000				

注：本表适用于以全费用综合单价形式计价的措施项目，若需要人、材、机组成表及全费用综合单价分析表，可以参照结算计价表–4.1、结算计价表–4.2。

结算计价表-8

其他项目清单计价表

工程名称：　　　　　　　　　　　　　　　　　　　　　　　　　　　　　　　　　金额单位：元

序号	项目名称	计量单位	金额	备注
一	施工合同已列项目			
1	确认价	元	3 120 000	
1.1	暂估材料单价确认及价差计价			明细详见结算计价表-8.1
1.2	专业工程结算价	元	3 120 000	明细详见结算计价表-8.2
2	计日工	元	93 200	明细详见结算计价表-8.3
3	施工总承包服务费计价			明细详见结算计价表-8.4
4	索赔与现场签证计价汇总	元	128 661	明细详见结算计价表-8.5
5	人工、材料（设备）、机械台班价格调整	元	415 976	明细详见结算计价表-8.6
	······			
	小计		3 757 837	
二	施工过程增列项目			
	小计			
	合计		3 757 837	

结算计价表-8.1

暂估材料单价确认及价差计价表

工程名称：　　　　　　　　　　　　　　　　　　　　　　　　　　　　　　　　　单位金额：元

序号	材料、名称、规格、型号	计量单位	数量	暂估价	确认价	价差	备注
	合计						

注：暂估材料按发、承包双方最终确认的单价填入此表，产生的价差合计填入结算计价表-8。

结算计价表-8.2

专业工程结算价表

工程名称：　　　　　　　　　　　　　　　　　　　　　　　　　　　　　　　　　单位金额：元

序号	工程名称	工程内容	金额	备注
1	可拆卸汽水管道阀门保温罩壳	可拆卸汽水管道阀门罩壳材料费及安装费	1 020 000	
2	创国家优质工程金奖措施费		2 100 000	
	合计		3 120 000	

注：此表由承包人按施工合同中属暂估价的专业工程内容及施工过程中按中标价或发包人、承包人与分包人最终确认结算价填入表内。

结算计价表-8.3

计日工表

工程名称：   金额单位：元

序号	项目名称	计量单位	确定数量	全费用综合单价	合价	备注
一	人工					
1	普通工	工日	260	220	57 200	
2	技术工	工日	120	300	36 000	
	人工小计				93 200	
二	材料					
	材料小计					
三	施工机械					
	施工机械小计					
	合计				93 200	

注：此表项目名称、数量由承包人按发包人实际签证确认的事项计列，单价按照施工合同约定的价格确定并计算合价。

结算计价表-8.4

施工总承包服务费计价表

工程名称：   金额单位：元

序号	项目名称	取费基数	服务内容	费率（%）	金额	备注
	合计					

注：此表取费基数、服务内容由承包人依据合同约定金额计算，如发生调整的，以发、承包双方确认调整的金额计算。

结算计价表-8.5

索赔与现场签证计价汇总表

工程名称：   金额单位：元

序号	项目名称	计量单位	数量	单价	合价	索赔及签证依据
1	因发包人原因致使已安装的4个烟道插板门更换	t	36	3573.92	128 661	现场签证单-008
	合计				128 661	

注：索赔费用应该依据发承包双方确认的索赔事项和金额计算，签证及索赔依据是指经双方认可的签证单和索赔依据的编号，合计费用汇总到结算计价表-8。

结算计价表-8.6

人工、材料（设备）、机械台班价格调整计价表

工程名称：

金额单位：元

序号	材料名称	单位	数量	基准价	结算单价	风险范围	价差	合价	备注
一	人工			2021 年	2022 年	±5%			
1	人工	元	14 082 266	4.66%	7.60%	＞5%	2.71%	415 976	需要补差
			合计					415 976	

结算计价表-9

发包人采购材料表

工程名称：

金额单位：元

序号	材料名称	型号规格	计量单位	数量	单价（元）	合价
1	冷风道风门、补偿器	综合	t	70	15 197.14	
		合计				

注：发包人采购材料费按施工实际发生填写。

结算计价表-10

主要工日价格表

工程名称：

金额单位：元

序号	工种	单位	数量	单价（元）
1	安装普通工	工日	35 857	70
2	安装技术工	工日	121 285	107